U0458629

天才少年的十二把金钥匙

柯云路 著

河南文艺出版社
·郑州·

图书在版编目（CIP）数据

天才少年的十二把金钥匙/柯云路著. —郑州:河南文艺出版社,2020.5(2022.7重印)

ISBN 978-7-5559-0941-5

Ⅰ.①天… Ⅱ.①柯… Ⅲ.①成功心理-青年读物 Ⅳ.①B848.4-49

中国版本图书馆 CIP 数据核字（2020）第 046506 号

策　　划　杨　莉　俞　芸
责任编辑　俞　芸　杨　莉
责任校对　赵红宙
书籍设计　张　萌

出版发行　河南文艺出版社
本社地址　郑州市郑东新区祥盛街 27 号 C 座 5 楼
邮政编码　450018
承印单位　河南省四合印务有限公司
经销单位　新华书店
纸张规格　700 毫米×1000 毫米　1/16
印　　张　16.5
字　　数　174 000
版　　次　2020 年 5 月第 1 版
印　　次　2022 年 7 月第 4 次印刷
定　　价　48.00 元

版权所有　盗版必究
图书如有印装错误，请寄回印厂调换。

印厂地址　焦作市武陟县詹店镇詹店新区西部工业区凯雪路中段
邮政编码　454950　　电话　0391-8373957

目录

前言

如何使用这本书

这是写给中小学生的一本书。

我曾应邀对来自北京及全国其他多个省市的部分中学生和少量的小学生进行培训。在七天的时间里，以这本书的十二金法则为主要训练内容，孩子们以极大的热情和兴趣进行了全身心投入的训练，最后一天全体家长现场观摩，效果是令人欣慰的。

从来不敢大声讲话、羞于口头表达的人，敢于在大庭广众之下畅所欲言地演说；过去不善于集中注意力学习的人，在训练过程中能够清晰地复述出一个法则中的五个、八个甚至十个小节的主要内容；过去不知道如何提高观察能力、记忆能力和思维能力的同学，通过训练找到了窍门，提高了观察能力、记忆能力和思维能力；过去苦于听讲和阅读效率不高的同学，现在掌握了提高阅读及听讲效率的方法，学习的兴趣大大提高。

作为成长中的青少年，有了好的心理素质，就有了高的学习效率。有了高的学习效率，就有了整个学生时代的从容和洒脱。

作为一个中学生，或者一个高年级的小学生，你可能会有自己的一些苦恼和问题，比如你可能非常急切地想提高学习效率，刷新学习成绩，给自己和父母带来成功的惊喜。

可能你希望以优异的成绩顺利通过小升初、中考和高考，进入理想的中学和大学，开拓远大的学习前程。

也可能你希望迅速克服自卑、怯懦、不善于大声讲话、不善于口头表达与社会交际的弱点，使自己成为生活的强者。

也可能你渴望全面提高自己的素质，在今天潇洒地学习，在明天成为一个富于发明创造的人物。

那么现在，你可以尝试着读一读这本书。书中所讲的十二金法则应该能帮助你解决自己的问题，实现你心中的渴望。

此外，希望家长朋友们也抽空读一读这本书。也许你的孩子尚小，或一时还缺乏学习的自觉性，那么，你可根据此书的方法，在孩子自我训练的同时，做一些有益的辅导，以使孩子更快地进步。这十二金法则对于小学生、中学生、大学生乃至成年人都是一样适用的。

为了帮助中小学生朋友用最短的时间掌握十二金法则的要领，并且边学习边受益，我们精心设计了十二金法则的学习程序，它主要是由两周的阅读及作业构成。

学习程序对同学们总的要求是：

一、每天完成规定的阅读内容（一般为一章）。

二、归纳出（画出）重点。

三、完成学习日记。日记可以参照以下内容写，如果时间允许，同学们还可以对它做出补充。

同学们经过两周的学习训练之后，一定会发现，自己变了一个人：更加聪明，更加坚强，更加健康，更加从容，而且，更加乐观，更加自信，更有创造性。

希望同学们把这些进步肯定下来。

肯定进步的最好方法，就是经常对自己或他人进行口头及书面的描述。

在取得这些进步之后，如果你还想进一步提高自己，可以重复这个程序，或者为自己设计一套学习程序（那是很有趣味的创造）。你将发现，每一轮学习都不是机械的重复，它会使你在方方面面得到进一步的提高。

如果你想集中精力解决某一方面的问题，那么，在经过两周的基础训练之后，你可以针对某一章节进行重点的学习和训练，从而迅速改善和提高自己在这方面的素质，获得继续全面提高自己的积极性、兴趣和自信，最终达到全面提高的目的。

在此过程中，同学们还可以借助各种辅助手段更加迅速地完成重新塑造自己的任务。

　　另外，还可以把你的人生目标、你最喜欢的格言写下来，放在容易看到的地方，比如墙上、床头、写字台的玻璃板下面，对自己实施良性的自我暗示。

　　这些方法都是同学们重新塑造自己时可以借助的手段，非常有效。

　　祝同学们不断取得人生的进步！

引子

从心想事成开始

　　天下有各种各样成功的人物，有各种各样成功的事业，我们探寻这些成功的人物、成功的事业时发现，它们最初都起源于一粒小小的种子，这粒种子就叫作一个想法，一个愿望。

一　进入挺拔而放松的状态

　　我不知道你们现在学习时是怎么要求自己的，根据我对人的心理和生理特点的研究，我发现，当一个人在进行写作、阅读、学习、欣赏等各种脑力活动时，如果能够保持一个端正的坐姿，脊柱正直，两肩放平而且放松，全身处在一个挺拔而放松的状态中，面部肌肉放松，去除各种杂念，就能高度集中自己的注意力。同学们在课堂上把注意力集中在老师讲话的声音或者表情上，在课堂中就能完成对讲课所有内容的理解和记忆。

与同学们一样，我也是从小学生、中学生的阶段一步步走过来的。多少年来，我也一直在摸索学习的经验。如果说我能够取得一点点成绩，是因为我从你们这么大的年龄就开始努力。我在高中时期就自学了大学的全部课程，而且尽可能地阅读了我能够找到的文学、哲学方面的中外名著。

同学们可以想象一下，一个学生把自己的课内功课做好就很不容易，再去进修大学的课程，更不容易，再去图书馆阅读各种中外名著，更需要阅读效率和学习效率。但是，这些都可以做到，就看你对自己有没有这种要求。

每个人都可能成为天才，但具体到某一个人是否能够成为天才，首先要看你有没有这样的要求。你们中间将有很多人因为参加了这个训练，会更好地实现你的人生理想，成为优秀的设计家，优秀的导演，优秀的工程师，优秀的作家，优秀的企业家，优秀的科学家，优秀的社会活动家，优秀的教育家，优秀的艺术家，在生活中成为成功的人。

然而，成功始于努力，成功始于训练。

希望每一个同学从现在开始用整个身心来学习和训练，每一秒钟都感觉自己在变化。一切杂念都不要。这是注意力的训练，是一种放松而挺拔的训练。

记得我在中学时曾做过一种自我训练：去图书馆看书，一天看几十本杂志，回来后把全部阅读的结果凭记忆做出笔记。每一个同学都可能成为了不起的人，但是要训练，一切能力都要训练。如果你们想变化，想提高自己，就要从现在开始训练。我们给同学们留了训练作业，希望你每天都在作业中记录自己训练的收获和体会。

二　立下一个宏愿

成功起源于一粒小小的种子

要使自己成为一个成功的人，第一点就是"心想事成"。一切伟大的事业都起源于一个想法，一个愿望。

天下有各种各样成功的人物，有各种各样成功的事业，我们探寻这些成功的人物、成功的事业时发现，它们最初都起源于一粒小小的种子，这粒种子就叫作一个想法，一个愿望。

一个伟大的科学家可能起源于他最初对科学的一点点追求和热爱，起源于对科学事业探索的一点兴趣，起源于想当科学家的一个想法。

为什么要选择中小学这个年龄段进行训练？是因为这是人生最灵敏、最可塑、最容易发生变化的一个阶段。再小一点的年龄，可能还来不及有自己人生的理解力和追求。再大一点，人相对定型一点，要改变自己，难度相应地会增加一些。

在你们的这个年龄，如果现在下定决心做一个重新塑造自己的训练，获得一个飞跃，完全有可能从这一天起就奠定了未来成功人生的全部基础。希望同学们不要错过这个机会。

一个真正属于自己的愿望和志向，就是在你们这个年龄开始逐步形成的。我还要用非常真实的声音告诉你们，我也是在这样一个年龄逐步形成自己的志向的。

我曾经想当乒乓球与象棋冠军

我上小学时，也有过各种各样的愿望和理想，但是，那时候的愿望可能还不属于真正的志向。同学们也一定经历过这种阶段。

记得我有一段时间非常喜欢乒乓球，那时候中国的体育振兴从乒乓球开始，首次夺得世界冠军，社会上形成一股乒乓球热。那时我还是小学生，我希望自己也能当乒乓球冠军，所以学得很刻苦，每天找地方练基本动作，练标准动作。当然，这个愿望随着时间的流逝，没有成为我人生真正的愿望和志向，只成为一个业余爱好。

我有一阶段还很热爱中国象棋，志向是要做中国象棋的冠军。我那时很投入，甚至可以说很狂热。我把一个中学生能够找到的古今象棋棋谱都找来，每天在灯光下摆弄棋谱，一个人下棋，研究象棋大师的棋法，研究象棋的各种布局。我甚至在北京市少年儿童象棋比赛中，进入过前十二名。但是，这也没有成为我人生最终的愿望和志向，仍然成了一个业余爱好。

就这样，不断地有想法，对其中许多想法都付诸实践，并取得一定的进步或成绩，慢慢地，你就可能接近真正属于自己的愿望和志向。

我在初中一年级的时候爱好极为广泛，足球、篮球、乒乓球、排球、游泳，都喜欢，还热爱象棋，爱看课外书。我的成绩因此滑坡了，自己却不以为意。直到初中二年级，我又有了一个爱好和想法。我突然发现自己喜欢上了数学，自此学习成绩才又有了回升。

那时的中学里普遍流行着"解难题"的数学游戏。各中学之间流传着各种各样的数学难题。我喜欢解难题，每每其他同学解不出来，到我这里就能解出来，我成了班里解难题的大王。这种兴趣和专注集于一处的努力结果，使我在学校的两次数学竞赛中得了第一名。当时我是无意识的，并不知道自己是为了数学竞赛去努力。

因为这个努力带来的一点点成绩，使得我形成了一个想法，就是长大以后要当数学家、物理学家……这个想法激励我在初中阶段展开了方方面面的学习。常常是深夜十二点了，我还在灯光下学习。和我住在同一房间的弟弟已经睡了一觉，醒过来问：哥哥，你怎么还不睡？那种努力对我初中的这个阶段是非常重要的。然而，这个想法、这个愿望还没有成熟为真正属于我的愿望和志向。

一个真正属于我的愿望在心中形成

高中了，我到北京一〇一中学读书。我由数学的爱好突然扩展到对哲学的爱好，对整个思想、学问的爱好。就在初中转到高中的这个年龄段，我决心做一个哲学家。而要当哲学家，就必须在自然科学、社会科学以及方方面面都具备广博的知识。

这时，一个真正属于我的志愿开始在心中形成。而一旦属于自己的愿望形成之后，我马上有了一个自然而然的变化，那就是这个愿望如此巨大，它整个地笼罩了我，支配了我。

我开始非常自觉地训练自己。那时候我没有你们这样的运气，没有一个老师给我做指导，我就自己用各种方式训练。比如，提高课内学习效率，使自己从课内学习中解放出来。而后，我又开始自学大学课程，去北京图书馆阅览。

我开始进行集中注意力的训练。而这个训练之所以能够展开，就是因为我有一个很大的愿望，要当一个优秀的思想家。

林肯的忠告

同学们，天下有很多事情，如果你想不到，就做不到。

你们都知道美国有一个很著名的政治家，美国第十六届总统林肯。林肯曾经给一个想当律师的年轻人写信：只要你决心当一名律师，事情就成功了一半。

你真正下决心去做一件事时，不是一般的小小的念头，脑袋一热，我想当球星，我想干什么，而是真正决心去做它时，事情已经成功了一半。另外一半，要靠你长久的努力。

很多著名的科学家讲过，能够成为科学家的最主要素质，并不是思维敏捷，并不是大脑好用，也不是所谓的聪明。能够使一个人成为科学家的第一要素，是对科学的巨大热情和兴趣。

同样，文学家、艺术家、画家和音乐家都会告诉你，要当一个艺术家、文学家，无论是小说、诗歌、散文、戏剧、影视、雕塑、绘画、摄影、建筑、音乐、舞蹈方方面面，要有所成就，第一要素也是你在这方面的热情和兴趣。

同学们将随着自己的成长逐步找到属于自己的愿望。那个愿望一定是特别适合你的，它是你的爱好，是你的特长，是你方方面面条件的一个汇聚，是天时地利人和的一个集中，是家庭环境对你的一个铺垫。

为什么我没有成为乒乓球运动员呢？为什么我没有沿着这个少年时期的爱好努力前进呢？因为这不是我的特长，也不是我成熟以后最热爱的事业。而对于整个社会环境来讲，有更多的优秀人才比我更爱好、更擅长、更投入，从小在这方面有着更多的努力。

因此，在你们这个年龄段，你们最终会找到一个自己的愿望。这个愿望对你来讲是你最热爱而且是最擅长、最具备条件的。从整个社会环境来讲，你可能在这方面是最有突出希望的。

宏大的愿望会越来越具体

当你有了属于自己的这个愿望之后，你要把这个愿望变成一个宏大的愿望，而不是一个渺小的愿望。它会集中你的兴趣，集中你的爱好，集中你的时间，集中你的智慧。

而在支配你努力的过程中，你会发现，这个宏大的愿望将变得越来越具体。

有的同学对我说，长大了想做导演。这是一个愿望。如果经过这个年龄段的认识、发展、探索和努力，你对做导演越来越情有独钟，越来越投入，那么你可能发现，它是一个属于你的愿望。

你把这个愿望变得越来越宏大，你就会集中越来越多的努力。你会发现，愿望在你的心目中越来越具体。你不再只是想当导演，你会研究成为一个导演所需要的全部素质，你会把这个需要和自己的努力结合在一起。你会用这样的眼光去研究其他导演的作品。你开始在这方面有心地进行知识和经验的积累，在整个素质方面进行这样的完善。

往下，还会更加具体，你会在看某一部电影、某一部戏剧时研究导演的手法，在看某个导演的作品时研究这个导演的风格。你总在思考一个课题，就是如果我做导演，我将怎么做？这就叫愿望的具体化。

随着年龄的增长，它会变为非常实际的具体内容。我现在是小学生、初中生，我如何解决好课内的学习和我综合素质训练的关系？我是高中生，我如何解决好高中的课程和我相关的全面素质训练的关系，我如何完成基本的文化课程训练而走上导演之路？都会越来越具体。

在所有的努力过程中，你会越来越感觉到自己的进步。

还有的同学要当英语老师，有的同学要当企业家，有的同学想当科学家……各种各样的想法都很好，但是，你们处在当前的年龄段，首先面临着全面奠定知识基础、全面训练心理素质这个基本任务。那么，你们就应该找到在这个年龄段完成所有学习任务和自我训练的方式和方法。

从现在起立下成功的宏愿

同学们，我们要懂得一个特别微妙的道理，天下很多事情成与不成，往往只是一念之差。

你们研究一下自己人生和日常生活的经验，哪怕是游戏，电脑游戏也好，下棋也好，或者其他的竞赛活动，成功和失败常常只是一念之差。今天这一步你的选择正确，你就胜利了；今天这一步你判断错误了，你就可能失败。

当我们在生活中让自己的愿望逐步向成功发展时，会遇到很多问题。你们要研究一下，影响做事成功与失败的这个"一念之差"常常是什么？

人生常常是这样的，当一个真正属于你的愿望到达身边时，如果你不敏感，如果你抓不住它，如果你把它丢失了，这一念之差就使你犯下一个错误。

一定不要丢失属于自己的真正的愿望，不要丢失属于自己的真正的机会。

而这个真正的机会，真正属于自己的愿望的发现，一定要从现在开始。每个同学都要建立一种明确的、自觉的意识。

自己的人生能不能成功，首先在于有没有这样的想法、这样的愿望。

为了使同学们成为一个成功者，最初的一件事情就是建立这个愿望。现在，我就要问你们了，当你们听讲到这里时，请想一想自己，有没有一个要把自己塑造成一个成功者的愿望？

（学员：有。）

我再问一遍，请同学们回答我，大家有没有这样一个愿望？

（学员：有。）

可能有的同学没有思想准备。要明白，在这个世界上，任何东西当你表达出来时，就有可能是一个真实的存在。人并不是随随便便要表达一个决心和愿望的，特别不是随随便便很坚决地表达一个想法和愿望的。请同学们在心中想好，你们现在有没有一个愿望，使自己成为未来的真正的成功者？

（学员大声地：有！）

回答要发自内心，刚才的回答很好。这里我要讲一点点奥妙。

自古以来军队作战，经常要搞一个战前宣誓，全体官兵列队城下，举手宣誓，一定要战胜敌人。你们琢磨琢磨，军队打仗为什么要宣誓呀？打仗是动枪动刀，宣誓管什么用啊，那不是动嘴皮子吗？可为什么当一支部队宣誓以后，就有助于胜利呢？

因为鼓舞了自己的士气。

你们还可以看到，为什么一支球队在比赛前教练或者领队要讲一些非常坚定的自我鼓励的话呢？一定要夺取胜利！是为了鼓舞自己的士气。为什么一些球队在主场比赛时，观众拼命为它鼓掌呐喊呢？本来是拿脚踢球，嘴管什么用啊？

因为观众的语言表达可以给球队以士气。

你们想一想，别人的语言都可以给你士气，自己的语言呢？

一个烟民想戒烟，又怕戒不掉，过去偷偷地戒总是戒不掉，这次坦率地对家人和同事宣布，我这次一定要戒掉，戒不掉我就是窝囊废。他为什么要这样讲？是为了鼓励自己戒烟。结果，他戒掉了。

我问同学们有没有一个愿望，从这次训练以后变成成功的小学生、中学生、大学生，包括未来成功的事业家？为什么要问？就是希望每个人用自己的声音，也用你们相互共鸣的声音来铸造自己心中真正的一个愿望。

所以，希望同学们再想好自己的心，你们面对竞争的世界，面对父母家人对你们的期望，面对社会环境对你们的要求，面对自己从小到大的各种人生追求和想法，现在有没有使自己在未来成为一个成功者的愿望？

（学员：有！）

我再问一遍，有没有？

（学员大声地：有！）

要有强烈的愿望。希望这个愿望能够贯穿你们的训练，而且能够贯穿你们今后的人生。

三　坚定一个信念

在训练中，同学们都要建立一个信念：我们一定能够重新塑造自己。

绝对不要用过去的眼光来看待自己的今天。

我曾经和一个孩子有过一次谈话，当时正好报纸上登载了一个残疾人的事迹。一个孩子失去了双臂，最初是痛不欲生，觉得活不下去，想要寻死。后来，他转变了思想，有了一个宏大的愿望，开始了发奋图强的努力。结果，他不但成为很有文化的人，而且，他用脚夹着笔，居然成为书法家、画家。这里的难度实在太大了。

我对这个小孩子说：你看，这个残疾人多么了不起！如果你像他那样努力，你会比他更了不起。这个小孩说：他就是因为残疾了，才能下那么大决心。意思是我条件好，不可能有那么大的决心。

同学们可以想一想，为什么一个失去双臂的人居然能够成为书画家？要说他的条件比我们差多了，就在于他有一个宏愿，一个信念。那么，对于我们这些四肢健全的人来说，只要有一点那个残疾人的宏愿和信念，人人都可能变成全新的人。

一个人失去双臂，应该说什么都很难做了，他居然重新塑造了自己，成为一个成功的人。这里含着一个深刻的比喻。过去，你的成绩不理想，但是，经过努力，你可以成为学习的天才。过去，你不是一个大胆而勇敢的孩子，但是，经过努力，你可以变得勇敢坚强。我们在人生的道路上探索并取得成功，遇到的困难至少不会多于那个残疾人，要的是自己的宏愿和信念。

历史上有很多人，曾经讲起话来结结巴巴，在众人面前一站起来就脸红，后来成为著名的演说家。有的人小时候学习不好，比如爱迪生，在小学一年级时被老师和校长认为是低智商、坏学生，劝其退学，可是，他后来成为最伟大的发明家。

那么，无论你们今天有这样的不足或那样的弱点，都不过是昨天的记录。你们都有可能重新塑造自己，使自己成为有作为的人。关键是要坚信自己能够重新塑造自己。

重新塑造自己从坚信这一点开始，常常会非常奏效。要真的那样想，就是自己和过去比起来，变成一个新的人——更聪明、更能干、更潇洒、更健康，包括更美丽。

天天微笑，表情好，就会变得更美丽。天天愁眉苦脸，愁出一脸皱纹，就会变得更丑陋。要重新塑造自己。

我再问一遍，同学们有没有重新塑造自己的信念？

（学员大声地：有！）

四 四个参与要领

全身心投入

第一个要领，就是全身心投入，使自己变得比过去更大胆、更洒脱、更聪明、更有创造性。

开学以后，要让老师和同学觉得你换了一个人似的。

天津有一位同学叫邢宇，她所在的年级有四百人，过去她的成绩排在二百多名；参加了我们举办的未来强者训练营，经过七天的强化训练，邢宇发现自己自信了，大胆了，创造力活跃了，思维灵活了，她后来成为全年级第十四名，再后来又进入前十名，并且顺利地考入天津市重点高中。

我们在训练的时候并不具体讲数学课、物理课，也不讲外语课、语文课，为什么经过训练，这个同学一下由二百多名变为前十名呢？就在于训练中真正使自己发生了变化。

所以，第一个要领，是全身心投入。同学们一定要全身心投入，把这个训练当作这几天中唯一的一件大事。这样，你的一生都将受益无穷。

破除旧形象，建立新形象

第二个要领，就是破除旧形象，建立新形象。

我们在训练中会专门讲到新形象的设计和确立，包括具体讲生活中言谈举止的形象，每个人都要重新设计，重新确立，重新塑造。

我们在竞选中的训练也是这样。同学们是怎样走上讲台的，以什么样的姿态讲话，这也是个形象问题，要用新形象取代旧形象。

行动的原则

第三个要领，就是行动的原则。一切讲到的，一切指导到的，一切自己明白的，要立刻用行动将它表现出来。

要体会这里的奥妙。

就好像有的人可能表达能力差，而表达能力差的一个重要的心理基础是什么呢？怯懦，紧张。

有些家长领来他的孩子，说：老师，我的孩子胆小，不敢讲话。其实，这个问题非常好改变，就是鼓励他大声讲一句话。他讲出来了，再鼓励他讲第二句话。他又讲出来了。每讲一句话，他都发现自己有了变化。小一点的孩子有时一天就能改变这个弱点。

这就是行动的要领。一定要在行动中使自己变化。

肯定进步

第四个要领，是肯定进步的原则。

训练班发给同学们的日记作业，每天要求交一份，每天的作业对同学们有具体规定。作业中很重要的一个任务，是要用语言来肯定自己的进步。肯定进步就能够不断进步。

同学们要形成一个人生的宏愿，建立重新塑造自己的信念。在往下的训练中，要用四个参与要领贯穿自己的行为：

第一，全身心投入；

第二，破除旧形象，建立新形象；

第三，行动的原则；

第四，肯定自己的进步，每时、每刻、每日。

请同学们想好今天形成的宏愿和信念。

从明天开始，讲课的内容还会更加深入。

祝同学们在这次训练中获得成功！

阅读与训练

阅读"引子"，掌握重新塑造自己的四个基本原则。

　　学习日记：写下你的愿望（长远及近期），打算如何实现它？有没有实现它的信心？打算如何培养自己的信心？

第一章

积极法则

积极向上就是生命力。

一棵小草即使再微小，如果它在阳光下争取成长，它会顶破石头的压力，它会钻出坚硬的岩石，它会一直向上，这叫积极的状态。

积极向上是一个人在社会与人生中能够成功的根本。

为了使同学们增强信心，我先讲几个发生在我们身边的事例。让同学们看一看，在别人身上发生的变化，在我们身上能不能发生。

北京的吴伏浩同学，小学时成绩很不好，以致父母生气、着急甚至对其打骂。家长常常在气急败坏的情况下大声呵斥说：你以后捡破烂去！后来，当这位同学和他的家长改变了观念，开始重新塑造自己，吴伏浩变得非常热爱学习了。在不长的时间内，他的数学从六十分跳到九十三分，取得了父母都不敢相信的好成绩。

同学们，我并没有给吴伏浩讲过数学、语文或其他文化课，他为什么能够发生变化？是因为他与他的父母接受了一种正确的训练，重新塑造了自己，使自己变成一个新人：新的性格、新的状态、新的思维方式。

又比如，我们训练班的王元弥同学，他昨天找到我说：老师，我听了您的录音带《孩子新形象确立法》，有了很大进步，年级名次由原来的第四十三名上升到第二十一名，期末数学考试全班第一。王元弥还说，他每天晚上睡觉前都要听听《孩子新形象确立法》。这个录音带用勉励的声音告诉你，你是一个聪明的孩子，你是一个坚强的孩子，你是一个健康的孩子，你是一个有道德、有行为能力的孩子，你是一个自在的孩子。

王元弥在此前并没有得到过我更多的指导和训练，我也没有给他讲过任何课程，他只听过《孩子新形象确立法》。这个录音带用一种声音让你建立新的自信，建立新的自我感觉，建立新的思维方式。为什么就会发生这么大的变化？

我再举一个例子，我曾在北京一所大学进行过三次大学生心理素质训练。同学们认真听课，积极参与。所谓参与，就是除了听讲以外，还要认真地、大声地回答我的问题。结果，很多大学生就因为参加了这样三次活动，心理素质发生变化，也在方方面面取得了明显进步。

我没有给他们讲文化课，没有对他们进行过具体的学习指导，也没有对他们讲解过非常具体的社会交际的方式，他们为什么会发生变化？

　　这就说明，只要有一个改变自己的愿望，这个愿望如果宏大一点、宏伟一点，就叫宏愿；只要我们有一个改变自己、提高自己的信念，又全身心地投入，不断地用新形象来取代旧形象；又遵循行动的原则，不断地肯定自己的每一点进步，就都能发生这个变化。所以，同学们从现在开始要更加认真地、全身心地进入好状态。

一　积极比一切风流、潇洒更宝贵

　　中小学生成功的第一法则，是积极法则。

　　"积极"两个字，同学们在学校和生活中经常接触到。但是，并没有多少人对它有完整的理解。

　　北京第三十五中学有一位高中女生曾经非常优秀，在小学、初中乃至高一的时候学习都非常好。后来，可能因为和老师的关系上有受挫感，成绩就在一种懵懵懂懂的状态中急剧滑坡，由成绩最好的学生变成几乎是成绩最差的学生。她在这样一个时刻参加了我们组织的训练班，而且把内心的苦恼和困惑讲给我。

　　我告诉她，你过去学习好，说明你有学习能力。你现在学习不好，并不是能力没有了，是你的心理状态不好，由积极的状态变为不积极的状态。

　　由此我要引出的一个问题是：同样一个学生，为什么成绩说好就好，说坏就坏呢？

以上举的几个例子中，有的是说好就变好了，过去五十多分，现在九十多分。而三十五中这个女同学，为什么过去学习很好，现在就不好了呢？

心理状态特别重要。

虽然造成心理状态优劣的原因是多方面的，但是，表现出来就是积极和消极这个分别。

在这一讲中，希望同学们首先记住以下这些送给你们的"积极"的格言。

积极向上就是生命力。

积极向上是事情成功的关键。

积极向上是年轻人的品格。

没有积极，就是衰老和死亡。

积极向上是创造的关键，是创造的基础。

积极向上是一个男孩子也是一个女孩子最可爱之处。

积极向上是比一切所谓风流、倜傥、潇洒和美丽更可贵的品质。

积极向上是一个人在社会与人生中能够成功的根本。

积极永远是成功的第一法则。

积极向上表现为永不自满。

积极向上表现为在生活、学习、工作和人生的方方面面都有创造力。

关于积极向上，我们可以给它一百个、一千个警句和格言。现在，我们还可以说这样一句格言：

大概一千个、一万个格言也难以完全概括"积极"二字对于人生的重要意义。

同学们，我和你们一样，从少年时代成长起来。在不同的年龄段，小学、初中、高中乃至再大一点的青年时代，看到人们在不断的竞争中被不断地淘汰。

一个人可能在一个时期很出色、很潇洒，甚至显得才华横溢，但是，过了三年、五年甚至再长一点的时间，八年、十年，他不一定会成为成功者。成功者有可能是当年才华横溢的人，也有可能是曾经默默无闻、没有锋芒甚至有些方面好像还比较落后的一些人。

那么，到底是什么因素随着时间的推移造成了人的差距呢？我在很多年前就得到一个结论，那就是在人生根本法则上积极还是消极决定了一切。

一个人有特别积极的人生状态，有积极的性格，有积极的学习态度和事业心，虽然他现在可能很平常，然而，他却可能随着时间的推移最终成为成功者。

我和一些大学生在交流时讲过，积极对于男孩子和女孩子都很重要，甚至对于男孩子和女孩子选择朋友都很重要，当时他们笑了。我说：如果你是女生，你要选择男朋友，那么你一定注意，不要被眼前的所谓潇洒和才华所迷惑，如果他缺乏积极的人生状态，你对他的未来千万不要抱有过高的期望。一个男孩子，现在好像不很出众，学习成绩也一般，也不那么风流潇洒，但是他的人生态度很积极，那么，很可能再过一些年你会发现，他成了人生的真正强者。

这是人生成功与失败的金科玉律。

所以，每一位年轻朋友在对待自己的人生问题时，当你把目标指向"成功"二字时，第一个要掌握的法则，就是使自己进入积极的状态。

二 发现积极的来源

那么，积极来源于什么呢？人为什么会积极呢？有的时候，很多原因造成一个人不积极。有的时候，又有很多原因造成一个人的积极。

我对世界上也对身边的各种人物做过总结，发现积极有很多原因。

首先，积极源于健康的身心。

积极还可能源于积极的影响：家庭的影响，从小经历的影响，老师的影响，或更大的环境的影响。与积极的人、积极的环境和积极的生活在一起，就可能变得积极；相反，就可能变得消极。

积极还源于各种各样的暗示。如果有一个声音每天都说，你是消极的孩子；或者每天都有一个声音在自我暗示，我是消极的孩子，你就可能受到暗示，变得不积极。如果有一个声音，不论是家长、老师、同学或环境中的其他朋友在对你说，你是积极的孩子；或者你对自己说，我是积极的孩子，这些暗示的累积就会造成你的积极。

积极还可能源于人所处的特殊环境和情势。因为你的学习条件来之不易，因为你能够学习是有人付出了很大代价帮助了你，因为你受到很多强烈事件的冲击和撞击，因为你的某些特殊人生环境给了你刺激（经常是一些看来不良的刺激最终可能转化为良性刺激），这些条件使你变得积极起来。

积极还可能源于放松的心态。当一个人的身心比较放松时，就有可能对待生活的状态比较积极。

积极可以源于自在的状态。当你像一个小孩在沙堆上自在玩耍时，你就可能对待生活持积极的状态。

积极有的时候源于生活的幸福。

积极有的时候甚至源于一种爱。天下的爱各种各样，各种各样的爱都有可能使人生变得积极。

积极有的时候源于自己取得胜利时所得到的鼓励，有些是他人的、环境的鼓励，有些是自我鼓励。

积极有的时候源于失败给予人的激励。

天下一切事物和音乐都有旋律，都有节奏，积极还可能源于生活中一切积极的旋律。

如果我们对积极给予一些格言，那就是：

积极是健康的状态。

积极是生命力旺盛的表现。

当一个人因为疾病的折磨已经临近死亡了，痛苦不堪了，这个人就可能对生活失去积极的状态。

这样一想就会知道，积极是多么宝贵。

一棵小草即使再微小，如果它在阳光下争取成长，它会顶破石头的压力，它会钻出坚硬的岩石，它会一直向上，这叫积极的状态。

如果小草蔫萎了，瘫在那里，不再向上生长了，这叫非积极状态。

三　认清破坏积极的因素

那么，是什么因素在破坏积极呢？

比如我前面讲到的那位女同学，是什么事情使得她在学习上、在人生的态度上变得消极了、盲目了？

每个同学都可以发现，自己在人生中有时候会获得一种特别积极向上的状态，有时候却显得比较消沉和消极。是什么因素在影响和破坏你的积极性呢？只要认真总结一下就会知道，和前面讲到的积极的来源正好相反：

身心不健康会破坏积极，造成消极。

消极的影响，比如家庭中消极的影响，学校中消极的影响，社会中消极的影响，周围消极人物对你的感染和影响都会破坏你的积极状态，造成你的消极。

消极的环境暗示，会造成你的消极。就好像一个家长如果不懂得正确的家教，他总在说，我的孩子不爱学习，我的孩子懒怠，我的孩子不努力、不积极，这种说法就是不良暗示，会使你变得更加消极和不积极。同样，如果你心中有一个声音经常在自我暗示，说我消极，说我不积极，说我不爱学习，说我这个人不努力，结果你就可能会变得更加消极。

消极有的时候还来源于一个特殊的环境和情势。因为受到某些挫折和打击，你没有能够正确对待；因为生活中的某些变化，你没有能够正确处理；因为老师和你的关系、家长和你的关系中使你有挫折感，你觉得他们对你不很在意，不很欣赏，不很关注，你会变得消极。如果环境给了你其他的挫折感，这个环境也可能是同学构成的，也可能是社会生活构成的，它都可能造成你的消极。

消极有时可能来自紧张的身心状态。过于紧张（学习紧张，生活紧张）这种压力造成你对学习和生活的逆反，造成你在学习和生活中的消极状态。虽然你好像很努力，但是内心是消极和抵制的状态。

消极还可能来源于那种特别不自在的状态，非常别扭的状态，非常不舒服的状态。

消极可能来源于你生活中的痛苦，与积极来源于幸福相反。

消极还有一个原因，是你缺少爱。不仅是缺少别人对你的爱，你对别人也缺少爱。对这个世界、对生活、对万物、对家长、对同学、对同性、对异性、对艺术、对科学、对各种各样的文化，你缺乏爱心，你同样会失去积极，变得消极。

消极可能来源于失败对你的打击。你没有能够消化这个失败，挫折造成你的消极。

天下有很多消极的旋律。一张愁眉不展的脸是消极；一个软绵绵有气无力的声音是消极；一棵歪倒蔫萎的小草是消极；一个患病的、呻吟的、毫无生活乐趣的人可能是消极；一首萎靡不振的音乐可能是消极；一个令人沮丧的天气可能是消极；一个破坏自然风光的垃圾污染可能是消极。

一切消极的旋律都可能成为我们消极的原因。

消极是一种非健康态，是一种病态。消极是生命力匮乏的表现。

当我们说对积极可以用一千个格言来描述它时，我们对消极也同样可以用一千个格言来描述它。这些描述都是为了使我们从心中警醒"积极"二字的宝贵。

四 培养积极状态的八个方法

那么，应该如何培养自己的积极状态呢？从以上造成积极和消极的原因中，我们可以自然而然地得到下面的结论：

第一，要保持身心健康，去除身心疾病，特别要注意去除我们心理上的各种疾病。任何折磨心理的消极存在，我们都可以把它看成是大大小小的非正常状态，要坚决去除。

第二，要接受积极的影响，排除消极的影响。要在生活中经常接近和寻找那些积极的人物、事物和生活现象来改变自己，排除那些消极的影响。

第三，要接受他人的积极暗示，给自己积极的自我暗示，同时要排除外界的不良暗示，也绝不给自己消极的暗示。

我曾经不止一次讲述过这样一个故事，它非常生动地表明了暗示的作用。

一个人走进一个房间，如果这个房间里的十个人预先都商量好了，要跟对方开一个很恶劣的玩笑。第一个人说：老张，你怎么今天脸色这么不好？老张没在意，说：我挺好的。过了一会儿，第二个人又说：老张，你是不是有点不对头呀？怎么今天看你身体有点不对劲呀？老张可能就有点疑惑了：是吗？

过了一会儿，第三个人又说：你是不是病了，看你脸色怎么那么难看呢？老张可能心里又疑惑了一下。第四个人接着说：老张，快去医院检查一下吧，别耽误了。老张就会想，我可能确实有问题了，便去照镜子。

一照镜子，他似乎觉得自己的脸色真的不大好。

当十个人都非常认真地向他重复"他可能有病"这个声音时，他果然去医院了。检查的结果，医生告诉他没有病，他反而不相信。他会反复检查，直到最后终于查出了毛病，因为他觉得浑身上下不舒服。

再举一个例子。一个人喝一罐饮料，本来喝的时候没有任何不舒服，过了一会儿，一个人说：这罐饮料已经过期了，而且是变质的。他马上会惶惶不安，肚子不舒服，甚至会隐隐作痛。又过了一会儿，这个人又说：跟你开玩笑呢，饮料根本没过期。他顿时觉得肚子又舒服了。

不要小看暗示，暗示有非常大的作用。在生活中，凡是消极的暗示，同学们都不要接受它。当有人说你不行，有人说你不如别人，有人说你懦弱，有人说你不敢大声讲话，有人说你数学差，有人说你语文差，有人说你不会写作文，有人说你长得不好看，有人说你不聪明，有人说你脑子笨时，你千万不要接受。一切不良暗示都不要接受。

自己也不要给自己不良暗示，相反的，要想方设法给自己积极的暗示。为什么我们提倡"成功、健康、自在"？是为了给同学们一个积极的暗示。

如果你每天在本子上写"我有病，我难看，我学习糟糕，我笨蛋"，可以吗？不可以！要给自己好感觉，好暗示。

如果你喜欢交朋友，那么，应该是这样的朋友，双方都能给对方好感觉。好朋友最最重要的品质是相互理解对方的有价值之处。每个人在和对方的交往中感到自己被欣赏，同时也给对方以欣赏。

研究自己的经历，你们会发现，你们不仅是在为自己学习，也是在为这个环境对你的欣赏而学习和努力，这里包括老师对你们的欣赏，家长对你们的欣赏，同学与环境对你们的欣赏。

我曾经讲过一个笑话，一个作家写的书，如果没有一个人读，这个作家再也不会写书了。球场上，一个运动员突出重围把球踢进大门去了，全场鸦雀无声，一片沉默，这个运动员还会有比赛的积极性吗？他再也没劲了。

所以，要在生活中接受积极的暗示，排除消极的暗示。给自己积极的暗示，不给自己消极的暗示。

永远不说我不行；

永远不说我不爱学习；

永远不说我这样不好，那样不好。

要给自己良性的暗示。

第四，要在生活中给自己制造积极的条件、情势和环境。通俗一点讲，就是造就一些条件来鞭策自己。

比如一个同学学习挺好，甚至比你还要好，那么，你可以把他作为自己公开的或者潜在的竞争对手：我要和他比一比，我要争取赶上他。游泳也好，跑步也好，同学们都会有这种感觉，没有并排跑步的人，没有并排游泳的人，没有一个竞争的环境，你可能就缺少一点积极性。骑车的人都有感觉，你骑着车，突然有一辆车超过你了，你就会积极一点，想办法再超过它。

总之，要制造各种各样的条件促使自己更加积极。

古时候有个典故叫"破釜沉舟"，这也是制造积极性的一种方法。项羽率军打仗，为了让军队打仗更积极，率大军渡过漳河之后，就让部下把船沉掉了，把做饭的锅砸碎了，大队人马只带三天干粮。部队一看，退路没有了，这三天无论如何得打赢不可。结果，果然就打赢了。这也叫"置之死地而后生"，是历史上有名的故事。

这都告诉我们，要善于用各种条件调动自己的积极性。

第五，要善于消除自己在学习和生活中的紧张，学会放松自己，使得自己对待生活的态度更加积极。

积极不是一个太紧张的状态。如果一个运动员紧张得腿都抽筋了，他走上赛场的时候就积极不起来了。一个演员上台之前紧张得话都讲不出来，他在台上也就无法正常发挥了。

很多演员在舞台上表演得好像很成功，往往在上台之前非常紧张，这叫"演出综合征"。紧张的结果往往是一提演出就感到畏惧。有的演员就因为紧张，很长时间不能上台。

所以，积极并不与紧张画等号。要放松身心，要高高兴兴。

我曾经在公园里看到一个四五岁的小男孩光着屁股在喷泉里跑来跑去，他一点都不紧张。大人们都在看他表演，觉得挺好玩的。他跑来跑去，踩住这个喷头，踩住那个喷头，不让这个喷，不让那个喷，大人们都为他鼓掌，他特别高兴。他这个"演员"不紧张，为什么？

因为他还不懂得什么叫杂念，也没有更多的顾虑，所以他不紧张。不紧张的结果是，他在他的表演中非常积极，家长叫他回来他都不回来，他来回跑跳着表演，非常轻松。

一定要学会放松自己的心态。同学们不是有人想当导演吗？要训练使演员放松，导演自己首先要学会放松。放松心态才能进入好的表演状态。

第六，和放松相联系的，要使自己在学习中处于自在的状态，要非常自在。

积极而自在才是好状态。不要矫情，不要别扭，不要瞎努劲，不要难为自己。

积极不是难为自己。积极是一种非常兴奋的、愉快的、向上的状态。

积极绝对不是愁眉苦脸和瞎努劲。

第七，培养你的爱心。培养你对生活、对你所从事的事业、对科学、对艺术、对文化、对朋友、对家庭、对老师、对同性、对异性、对生命、对自然的爱心。

有爱心，生活必然会积极。积极的状态反过来也会增加爱心。这是相辅相成的事情。

第八，获取积极，要从微小的努力开始，逐渐取得一点点胜利。这每一点胜利都能给予自己的积极以养分、以灌溉。

用自己的努力取得胜利，用胜利来灌溉和培育自己的积极。反过来，积极又使得你更加努力。

所以，培养自己的积极再进一步，就是培养整个生命力。

每个同学都要做一棵向上的、争取阳光和新鲜空气的小草，一棵在早晨的阳光中闪闪发亮的小草，一棵即使遇到岩石封杀也要奋力顶出来的小草。

五　消极的球一脚踢开，积极的因素顿时成长

建立积极，培养积极，上面讲到八种方法。这些方法的核心，就是破除消极因素和消极影响，建立积极的因素、积极的生命力。

一件事情，如果有人对你说：这件事挺难的，你别做了，你可能做不好。这是一个消极的影响。这时候你如果说"你说的可能是对的，我就是挺消极的"，这叫接受消极影响。

如果你认为这是消极影响，是你一定要排除的。方法很简单，你

说：我一点也不消极，我不认为这个事情很困难，我觉得我能够做好。当你把这个消极的因素像一个乒乓球、一个网球、一个足球或一个篮球那样打出去了、踢出去了，这一瞬间，积极的因素在你心中已经开始成长。

任何消极的东西都可能在你心中造成影响。比如，你在生活中受到一点挫折，遇到一点痛苦，这种挫折、痛苦和压力可能是方方面面的原因造成的：可能是父母对自己的态度，也可能是家庭中的其他原因，也可能是自己在学校遇到的不顺利，和同学、和老师、和社会环境的冲突，甚至完全可能因为一件小事，你的一份友情被伤害了，你的一份爱心遭到拒绝，你做的一件事情失败了，你的一个心爱之物被损害了，你的一次测验成绩不理想，等等。

当你感到这个消极的影响在心中出现时，要立刻认识它、排除它、否定它，明白它对你是有害的，明白自己不应该受到它的影响。

当你在这一瞬间完成了这个变化时，你不但没有因此变得消极，你甚至可能比那些没有遇到挫折的同学更多一份经过锻炼成长起来的积极性。

六 做制定目标的高手

目标的方向要正确

当我们具有人生的积极状态时，一定要认识到一个新的问题，那就是任何积极的人生状态都会体现为目的。积极的人生状态、积极的学习状态、积极的工作状态都和积极的人生目标、学习目标和工作目标相联系。

我们前面讲过，一定要找到属于自己的愿望，也就是找到属于自己的目标。既有宏大的、长远的目标，还要有每个阶段的目标。更具体说，还要有每一天的目标。同学们经常会制订一些计划：学习的计划，生活的计划，或者写在日记本上，或者想在心里。积极的人生最终要体现为积极的目标。

这样讲，同学们可能觉得太简单了，不就是一个目标吗？实际上，会不会确定一个好的目标，是一个人在社会生活中特别重要的本领和艺术。

目标方向不对，肯定不行。比如一个人本来特别适合搞自然科学，他的数理化思维非常灵敏，你一定要让他去搞绘画、搞文学，那么，这个方向就不对。反过来，一个同学可能在艺术方面，包括文学、诗歌、绘画、音乐、影视等方面很有天才，而且有这种爱好，你一定要让他去搞数理化，肯定也不妥当。

　　经常有一些大学生对我诉说，他正在学习的专业自己并不喜欢。这叫什么呢？叫目标选择不对。

　　我喜欢举一个例子。中国有一个跳高冠军叫朱建华，瘦高的个子，曾经打破过世界纪录。我们还有一个体操运动员叫李宁，被称为体操王子，他的个子并不高。那么，如果让李宁去跳高，合适不合适呢？他虽然弹跳力很好，但是他个子上太吃亏了，他无论怎样努力，也绝对跳不过二米四。同样，让朱建华去搞体操合适吗？瘦高条儿，同学们一想就知道，他在体操场上肯定抡不开。

　　同学们都会觉得这个比喻很好笑。可是，当你们选择目标时，你会不会也犯这样的错误？

　　在社会生活中也经常发生目标选择的错误。这片山区本来适合种树，搞林业，搞旅游，可是，当地人把树砍了，草烧了，种粮食，以为这样可以发展经济。结果弄得水土流失，土地贫瘠，生活困苦。多年来，我们的社会中经常发生这样惨痛的教训。

　　所以，第一点就是目标方向不能错。在你们这个年龄，要逐步形成属于自己的正确的大目标。

　　目标的高低要合适

　　目标过高，会造成人为的压力。同学们都会有这种感觉，如果家长使劲给你加压，自己也制定过高的目标，老师再加码，你会学习紧张，有压力，状态极差。

如果你们的体育老师要求你们都得跳过二米四，跳不过去就不行，同学们未练习之前就会望而生畏，纷纷逃跑了。你们再也不愿意上体育课了，成绩都不会及格的。这叫什么呢？叫目标过高。

不要说一个中小学生，国家也曾经犯过目标过高的错误。中国曾经搞过"大跃进"，那个目标很高，一亩地要打三十万斤粮食。这是不可能达到的。追求高目标的后果必然是劳民伤财。一个国家，一个企业，一个人，都不能制定不切实际的高目标。

另一方面，目标过低也是错误。明明用八年时间能够取得抗日战争的胜利，随着形势的发展我们做出了这样的判断，一个人非要说八年我们打不赢，至少要打十年、二十年。这个目标肯定也是错误的。同样，你通过努力明明能够成为很好的作家，你却说我只能做一个很差的作家，这样的低目标也是不可以的。

高目标造成的压力使人生畏，使人付出各种各样的代价。

而过低的目标会使人消极疲软，没有信心，没有积极性，没有兴趣，没有创造力，不兴奋，不鼓励自己，没有充实感，没有幸福感，没有奔头，不能使自己的力量集中，不能使生命进入最佳状态。

我们经常看到这样一种现象，很多人在上班时身体很健康，很有干劲，一退休了，反而衰老了。没有具体的工作目标，不但不会使人健康，还会使人衰老，使人苦恼，使人患病，甚至使人早亡。

所以，低目标同样会伤害一个人。谁对自己定了过低的目标，谁就没有积极的状态，没有干劲。

目标过高和过低都是错误的。什么是好目标呢？就是方向是正确的，高低是合适的。

好目标带来兴奋与创造

一个好目标最终让你感觉到的效果是：它给你带来兴奋，带来学习、工作努力的劲头，带来逐渐争取的胜利伴随的喜悦和鼓励，带来创造性，带来寄托，带来充实，而且使得你的创造力集中。

当方向正确、高低合适时，目标就会产生特别大的作用。

我希望和同学们共同探讨一下你们的目标：你的大的人生目标是什么？适合不适合你？高低是否合适？然后，为了实现大的目标，短期的目标是什么？

如果你的目标是要当企业家，要当设计师，那可能是五年、十年以后的事情，那么，你三年之内如何努力？一年之内如何努力？一个学期之内如何努力？当下如何努力、如何争取？都要有大、中、小不同的目标。

善于把这个目标确定好是特别重要的。当目标具体化又明确化时，你们会发现，你的积极性就有了具体的体现。

当你给自己确定了一个目标并向这个目标努力时，表现出一个完整的、贯穿整个人生的、贯穿一天二十四小时的、贯穿课内课外所有时间空间的积极性，生活就有兴趣，就充实，就乐观，就美好，就能够调动你方方面面的才能。这样，我们就能够实实在在地进入具体的积极状态。

现在，让我们在一种积极的、兴奋的状态中回顾一下我们刚刚讲过的内容。

首先，我们讲到积极的意义，给了积极很多格言。

又讲到积极源于什么。

还讲到什么因素使得我们不积极和消极。

然后，我们讲到培养积极的诸种方法。

讲到这全部方法的一个核心是要战胜、排除、批判、否定消极的影响，给自己积极的因素、积极的能力。

我们又讲到积极最终要和我们的目标结合在一起。

要有一个方向正确、高低合适的目标，这个目标能够使我们兴奋起来，积极起来。

目标和积极互生互长，相辅相成。

我一定能成为最积极的人

以上讲的这些，归纳起来，最终有一个非常简单的问题，就是要想人生成功，第一法则是积极。要从积极开始，一切消极影响的因素，不管它来自什么环境，什么条件，什么影响，都排除它。

阅读这个文本的同学，如果你们中间有人因为疾病或者因为自己的残疾而有所消极，希望你排除掉。也可能有的同学由于种种的生活经历和家庭环境，造成心中的某些抑郁和消极的阴影，我们同样排除它。经过这种锻炼，我们应当使自己更为积极。

天下有两种积极：一种是从小有一个比较好的成长环境，将他造成了积极的人；还有一种是从小成长环境不理想，心中已经有一些消极的因素，或者曾经是积极的，因为生活的变故产生了一些消极因素，但是，他排除和战胜了这些消极因素，成为更积极的人。

积极体现在每一件事情和每一个行为上那种向上的思维、向上的努力，积极是一个向上争取阳光和空气的小草的行为。每个同学在进行积极法则的训练时，心中首先要建立一个明确的积极心理、积极状态。

在我们的训练原则中，强调行为训练，要用语言来肯定。

我现在要发问，请同学们发自内心地大声回答我的问题。

同学们有没有建立自己积极人生状态的愿望？

（学员：有！）

好，我听出来其中很多同学的声音是发自内心的。就在这个过程中，积极的状态会在心中生长。

我们在学习中要特别训练大声讲话，往下我还要专门讲到它的奥妙。如果你平常还不敢大声讲话，要求你现在胆子大一点。

请同学们用最响亮的声音回答我：同学们有没有信心使自己成为一个最积极的人？

（学员：有！）

很好。现在请同学们感觉一下自己的状态。你在大声回答的时候，起码心态是不消极的。那么我再问一个问题：我们每一个同学从今天开始一定能够成为积极的人，大家说是不是？

（学员：是！）

（往下，抽查同学们现场听课的效果，要求被抽查的同学大声讲出听完这一课的感受，并要求部分同学口述自己前一天完成作业的过程。训练结束后，总结。）

七　现在就举手

刚才四位同学的发言，最后一位同学难度最大。第一位同学因为没有思想准备，站起来就讲了。而最后一位同学却可能一直在想，再有一个就轮到我了，心理上一直处于紧张的状态。

同学们，战胜自己的行为障碍，有一点很关键，就是不要人为地给自己造成长时间的自我折磨。

比如说发言，前边有几个人，要排到你，所以你老在那儿等啊等啊，心理付出挺多。

如果你现在要做一件事，由你自己决定，比如说要去找老师讲一件事，自己犹豫不决，不敢去；要去找同学商量一件事，又不好意思开口；或者课堂上要发言，想发言又不敢举手。

千万不要在那儿苦苦折磨自己！

正确的做法是：你有事，现在就去找老师；你打算参加聚会，拔脚就去找同学；你想发言，现在就举手。不要延长自我折磨的时间，这是战胜自己懦弱之处的一个特别重要的方法。

当你反复犹豫举不举手，反复犹豫发不发言，反复犹豫找不找老师，反复犹豫找不找同学，想啊想啊，想的时间很长，折磨很大，最后又没有行动，这次失败就留下一个非常强的消极影响。屡次这样，就会形成懦弱的性格了。

我曾经用"行动的法则"训练过一个学生，他就是什么事要想半天却不敢去做，这个毛病多少年改不了。想去找一个人，经常是到了门口，站了半天又回去了。他问我怎么办。

我说：很简单，你最怕找的人、最怕做的事、最怕去的地方都是什么？他举了几个。我说：咱们现在就去。先去了一个地方，到那儿以后我告诉他：现在就敲门。他肯定要犹豫，但是我督促他敲门。

他敲开门，我就走了。

当他走进这个场面之后才发现，想要见一个人其实很简单。

同学们要注意，上台发言前感到紧张，你一开始讲话就不紧张了。体育比赛前紧张，可是跑开以后就顾不上紧张了，光知道累了。一定要缩短敲门前的犹豫，比赛前的紧张。

要缩短这个时间距离，一步迈向行动。

阅读与训练

重温重新塑造自己的四个基本原则。

阅读第一章"积极法则"。掌握培养自己积极性的八种方法。

学习日记：抄写一句你最喜欢的关于积极性的格言，同时写上你准备培养自己哪些方面的积极性，用什么方法？

第二章

兴趣法则

指挥自己要用兴趣来指挥；调动自己要用兴趣来调动。

兴趣是一个法宝；兴趣是一个手段；兴趣是一个武器；兴趣可以攻破很多堡垒：科学的、艺术的、哲学的、政治的、经济的、军事的、社会活动的方方面面。

有兴趣，才能够轻松愉快地学习，才能够不知疲倦地学习。

一　积极与兴趣神秘相关

中小学生成功的第二法则，叫作兴趣法则。

首先，我们要讲一下积极和兴趣之间的关系。

积极常常表现为兴趣。积极的生活态度常常表现为广泛的生活兴趣；积极的学习态度常常表现为浓烈的学习兴趣；社会活动的积极性，常常表现为社会活动的兴趣。

积极性和兴趣相联系，但是也不绝对。有时候人做一件事情，是因为意识到它的重要性，虽然做得很积极，但没有兴趣。比如说，这门功课你并不爱学，但是你觉得应该把它学好，于是你就积极认真地去学。

可是往下就会出现一种情况，由积极入手开始做的事情，常常可能由无兴趣逐渐变得有兴趣。

当然也有极个别的情况：因为社会的需要，因为命运的安排，因为环境的迫使，你始终积极地做着一件事，但你始终没有对这件事产生兴趣。

所以，兴趣与积极既是密切关联的，又是相对独立的。也就是说，积极和兴趣是相互联系的一件事，又是相互有差别的两件事。

考察同学们的学习时就会发现，大多数情况下学习的积极性与学习的兴趣相联系。比如这个同学学习非常积极，非常努力（努力就是积极），同时，他对学习又很有兴趣。因为他有兴趣，就特别努力；因为他努力，成绩比较好，就更有兴趣。

学习的积极努力与学习的兴趣相关联，有时候又不一定。因为学得不好，所以没有兴趣。但是，因为意识到了要努力提高自己的学习成绩，就去积极地学习，没有兴趣也去努力学习，最后学好了，就产生了兴趣。

二　兴趣是效率之母

使学习的积极努力兴趣化，是成功的重要法则。

你可能很积极、很努力地学习，但只有把这种积极和努力转化、培养为一种浓烈的兴趣，才能使得你的学习和人生出现大的变化。

有的同学很努力地学习，但是他没有兴趣，起码对有些课程没有兴趣，可是还在很努力地学习。同学们记住，凡是这种情况，学习效果要差很多。往往可能事倍功半，效率不够高。

所以，千万不要只知道积极，光顾着学，傻学，要想办法培养自己的兴趣。只有将积极性转化为兴趣之后，你才能突然出现一个学习效率的飞跃。

很多有成就的人都有这种体会：

兴趣是最好的老师；

兴趣是最大的动力；

兴趣是最高的效率，是效率之母。

有兴趣，才能够轻松愉快地学习，才能够不知疲倦地学习，这叫乐此不疲。学得高兴，就不容易疲劳。

做自己喜欢做的事情，就会觉得愉快、轻松，就不觉得痛苦，就会焕发精力和创造力。

喜欢数学，对数学就会这样；喜欢外语，对外语就会这样；喜欢语文，对语文就会这样。

喜欢踢足球，就会对足球持这样的态度。喜欢打游戏，就会对打游戏持这样的态度。喜欢唱歌，就会对唱歌持这样的态度。

反过来，如果让你做一件很头疼的事情，不喜欢的事情，你还没有做，就已经开始疲劳了。而做一件自己感兴趣的事情，比如看足球比赛，玩游戏，即使深更半夜，你还放不下，不知疲劳。所以，兴趣能使人愉快轻松地、不知疲倦地进行学习和实践。

只有兴趣才能使得你像游戏一样地学习。

只有兴趣才能使得你高效率地学习。

只有兴趣才能使得你创造性地学习。

只有兴趣才能使得你持久地学习。

只有兴趣才能使得你越学越爱学，越学越会学。

关于兴趣，还有一句特别重要的格言：

凡是没有兴趣的学习和工作，叫作"有病"的学习和工作。

请同学们检查一下自己的学习和生活，特别是你所面对的学习，有没有你根本没有兴趣的科目、没有兴趣的领域。如果对哪一科目没有兴趣，你就要认识到，在这个领域，你的学习状态有毛病。

根据我们对心理学、教育学的总结，也根据一切成功者的人生经验总结，可以得到这样一个结论：

兴趣能够使人的大脑处在最佳状态。

同学们一定有这样的体会，当你对一件事情、一个活动有特别浓烈的兴趣时，你根本不用约束自己，勉励自己，要求自己，强制自己，你就已经处在大脑非常活跃的状态之中了。

你用同样的时间背一批单词，有兴趣和没兴趣的状态，效率可能相差很多倍。你学习一门功课，付出同样的时间和努力，有兴趣和没兴趣，效果也要相差很多倍。

同学们要认准一条：

只有兴趣才能使学习越来越高效，只有兴趣才能使学习的能力越来越高。

一个好的兴趣价值连城。

三　从现在开始真正懂得兴趣的价值

良性循环与恶性循环

我们如何能够使得自己的学习更有效率、更成功呢？

要从现在开始真正懂得兴趣的价值。

一般人讲学习要有兴趣，要培养学习的兴趣，还常常是纸上谈兵、停留在口头上，没有真正领会兴趣的价值。

同学们都知道，我们学习好，就有兴趣；而有兴趣，就学得更好。我们唱歌好，就有兴趣；有兴趣就更喜欢唱，就唱得更好。这是一个良性循环。

但是，我们常常还会看到一个相反的恶性循环。因为学得不好，就没有兴趣；因为没有兴趣，就学得更不好。因为唱得不好，就不爱唱；因为不爱唱，就唱得更不好。这就是一个恶性循环。

怎样解决这个问题呢？如果你已经在良性循环之中，你学得好，而且有兴趣，那么，从今天开始，要使自己的兴趣更加浓厚。不是一般的兴趣，而是浓厚的兴趣。

就好像你要当一个作家，就要越来越喜欢写作，越来越喜欢文学。这个兴趣使得你在这方面有越来越高的学习能力、创造能力和积极性。如果你想当一个科学家，喜欢科学，你就要更加提高在科学上的兴趣，使这种兴趣变得特别浓厚，这样，你的数理化各门功课一定会学得更好。

所以，已经处在良性循环之中的同学要进一步提高自己的兴趣。

但是，如果你在某个科目上比较薄弱，甚至好几门功课都比较薄弱，成绩不太好，兴趣不太高，这时候，怎么走出这个恶性循环？

要从努力开始，从积极开始。

想办法把它学得好一点，取得一点点进步。这个进步会给你带来一点喜悦，会帮助你培养一点兴趣。你把这个兴趣像一棵小苗一样在心中灌溉起来，这样，你再去学习的时候，你的积极性已经有兴趣做伴，就不那么枯燥了。

然后，你就会取得再大一点的进步，于是，又有了更多一点的兴趣。这更多一点的兴趣又陪伴你的努力，陪伴你的积极，这样，你就会逐步由恶性循环走向良性循环。

不要在没有兴趣的苦学中挣扎太久

也有的同学学习很好，可不一定有兴趣。比如，你为了应付中考、高考，明明有些课程你不喜欢，可是为了考试，每门都要考上去，所以你就要学，苦学。

我们前面讲过，凡是没有兴趣的学习都是有毛病的学习。一定要克服这个毛病。因为没兴趣的"苦学"效率往往是比较低的，和有兴趣的"甜学"，高高兴兴地学，兴高采烈地学，效率完全不一样。

如果遇到这种情况该怎么办？就有一个培养自己兴趣的重要任务摆在我们面前。同学们一定不要在那种没有兴趣的苦学状态中挣扎太久，那样消耗太大，效率太低。

我的孩子在考大学前，我们有过一次谈话。因为考大学需要他去应对所有的课程，在高中时所有考试成绩都要争取名列前茅。有些课程他觉得只是为了应试，对于他以后可能没有太大的用处，所以，他觉得这些课程很枯燥，很没兴趣。

比如当时要背一些概念应付政治考试，他认为背这些东西没有什么用，因为过几年肯定又变了。或者说有些语文考试，完全是死记硬背，不一定培养你真正的语文能力和表达能力。可是为了应试，又得苦学。给同学们讲一个笑话，我看了一些中考、高考的语文卷子，其中很多语文题要是让我去答，我也会答错，因为有些标准答案其实并没有道理。

我还记得有一次"改病句"。我的孩子拿来了一份标准答案，他先让我看一个错句："狂风从空中倾泻下来"，底下一段话是描绘天气的变化和人们的仓皇逃窜。我看了半天，没有病句呀。

我的孩子说：狂风是不能倾泻下来的，倾泻是讲水的，所以这是一个病句。

可是他不知道，这句话到了作家的手里，就是一种比喻的手法。当我讲狂风倾泻下来的时候，是一种直喻的手法，就是说，风像水一样地倾泻下来，只不过我没有把"像水一样"这几个字加在里头。这不但不是个病句，还是个优美的句子。

就好像我在写作中会讲，灯光从敞开的房门淌出去。从表面上看，光怎么能像水一样流淌出去呢？但这不是病句，这是一个作家的创造。灯光还可以倾泻出去。可是按照上面的标准答案，这也是个病句。而实际上，这是一个优美的比喻。

当我们为了应试，需要按照这个模式学习时，同学们会感到有这样或那样的枯燥之处。那么，我是怎么对我的孩子讲的？

我没有说：这个标准答案是错的，别理它。那样，我的孩子考试时就错了，肯定考不好。这种指导不妥当。

我也没有说：标准答案是对的，你就努力背吧。那么，我的孩子有可能会成为一个思维僵化的孩子。

我这样告诉他：虽然有些应试教育要求死记硬背下来的知识对未

来不一定有很大的用处，但是，你能够应试，能够用比别人更少的时间记忆一些需要你背诵的东西，这也是一种能力，记忆能力是一个人重要的能力，你可以把它作为一种必要的训练。

同学们明白吗？比如，我今天让你们记一大串没有意义的数字，记住这些数字本身并没有意义，但是，训练记忆能力有没有意义呀？你们都知道吉尼斯纪录，据说有的人听一遍，能够倒背十七位数字。虽然背那些数字本身没有意义，但是，这种记忆能力是有意义的。

正是用这种方式，我使得我的孩子在这个问题上找到了兴趣。举这个例子是希望同学们明白，不管任何科目的学习，一定要想办法使它变成有兴趣的学习。

一旦你觉得它没有意义，对它没有兴趣，又不得不去应付时，这种苦学精神好像可嘉，其实愚昧。它太消耗人。小女孩学成老太婆，小男孩学成老头子。值不值呀？不值。所以，要培养兴趣。

又比如，一些同学都上大学了，发现对自己的专业没有兴趣。我曾经见过不止一个大学生，他们不喜欢自己所学的专业。问他什么原因，说是报志愿时自己心理上没有成熟的抉择，主要是听取父母的建议和安排，所以学了一年两年，还不热爱自己的专业。

在这种时候，我往往告诉他两句话：第一，你一定要想办法培养对自己专业的兴趣，否则，这种学习不但非常艰苦，效率非常低，还将毁掉你一生的成功；第二，如果你没有培养自己兴趣的决心，我甚至鼓励你放弃这个专业，转学别的，这同样需要决心。如果你这两个

决心都不下，那真能毁掉自己，一生都会在无效的、痛苦的、麻木的
努力中度过。

所以，我们一定要理解兴趣的价值。

广泛的兴趣是一个人魅力的光环

如果你已经有兴趣了，你现在的任务就是提高兴趣。比如你现在
数学很好，对数学很有兴趣，要进一步提高自己的兴趣。你语文很
好，对语文有兴趣，再提高自己的兴趣。外语很好，喜欢外语，将来
想当外语老师，还是要继续提高自己的兴趣。提高兴趣会使得你更能
提高自己的学习效率。

不仅要提高已有的兴趣，还要扩大兴趣范围。一个学生只喜欢一
门功课太单一，在生活中只喜欢一件事情也太单一。所以，提高兴趣
是提高已有的兴趣，扩大兴趣是占领自己兴趣还没有占有的领域。

这样，我送给同学们一句格言：

广泛的好兴趣是一个人魅力的光环。

我们说一个人有魅力，其中一个重要的含义，就是他在生活中、
在社会中、在人生中、在文化中有比较广泛的好兴趣。

兴趣是法宝和手段

我还希望同学们记住下面这些格言：

兴趣是一个法宝；

兴趣是一个手段；

兴趣是一个武器；

兴趣可以攻破很多堡垒：科学的、艺术的、哲学的、政治的、经济的、军事的、社会活动的方方面面；

指挥自己要用兴趣来指挥；

调动自己要用兴趣来调动。

想调动自己、指挥自己更好地学习，其中一个重要的方式，就是培养自己的兴趣，提高自己的兴趣，发展自己的兴趣。

那么，帮助别人用什么方法？其中一个重要的方法，是用兴趣来帮助别人。

培养、启发别人的兴趣，就是培养、启发别人的学习和工作。

我们培养同学们创造的兴趣，讲演的兴趣，表达的兴趣，积极应对生活的兴趣，社会交往的兴趣，就有可能使得同学们在这些方面取得飞跃的进步。

从广义来说，兴趣本身就是一种积极性。同学们要成功，就要使自己成为一个在学习、生活、人生、工作、创造、发明等方面都有广泛兴趣的人。

四　培养兴趣的五个方法

兴趣既然有这样重要的价值和意义，那么，如何培养兴趣呢？

如果同学们在训练中确实能够使得自己在人生方面增加兴趣，提高兴趣，而且懂得培养兴趣的方法，今后的一生都将受益无穷。

就好像我常常对家长讲，要使孩子学习好，很重要的一点是，通过你们的欣赏、理解和夸奖，培养孩子学习的兴趣。而对同学们来讲，如何使自己有广泛的兴趣，有比较高的兴趣，是我们在人生中成功的一个奥秘。

培养自己兴趣的方法如下：

兴趣培养法之一：产生培养兴趣的兴趣

第一个方法很奇妙，叫作要有培养兴趣的兴趣。

就是把培养兴趣当成一件非常好玩的事情来做一做，特别有兴趣。

我在前面讲授的课程中一直在培养同学们成为强者的兴趣，培养同学们提高自己的兴趣。我为什么这样做呢？因为我对做这件事情很有兴趣。

我们怎么培养自己的兴趣？这件事本身就很有趣味。你们可以在自己身上体验一下，从今天开始试着培养几个自己过去没有的兴趣。只要这个兴趣是好的，健康的。一旦培养成了，上瘾了，那就很有意思了——我们要特别爱培养兴趣。

学会培养别人的兴趣，这更是一个技术。

比如，有一个同学对某一方面的学习没有兴趣，你试试自己的能力，把他的兴趣给培养出来。同学们可以试验一下，这是一个作业。甚至可以培养你父母的一个兴趣，只是你们先不要透露给他。

培养别人的兴趣和培养自己的兴趣都很有意思。

你们以后会发现，关于兴趣，不要说培养自己的同学、培养比自己年龄小的人，就是培养比自己年龄大的人，只要有方法，都能做到。这里奥妙无穷，像做游戏一样有趣。

你爸爸妈妈不喜欢一件事情，特别是你喜欢的，他又不喜欢，他总会干扰你，你就"玩个阴的"，培养一下爸爸妈妈的兴趣。你玩游戏，爸爸妈妈一般没兴趣，可是玩游戏很有意思，只要玩的时间不是太长。你可以培养一下他们的兴趣，比如怎么动脑筋，怎样过一道一道的关卡。告诉爸爸妈妈游戏里面的知识性，你怎样不屈不挠地战胜一个又一个困难，取得游戏的好成绩。刺激他们的好奇和兴趣，是有办法的。你是球迷，爸爸妈妈不喜欢看球，要想办法增加他们看球的机会，让他们多一点这方面的知识。比如可以帮父母一起收拾碗筷，主动地为父母分担一些家务，他们就有时间和你一起欣赏足球了。

很多兴趣都可以培养。其实，我指导同学们学习的时候，一个方法就是调动对方的学习兴趣。我从来不去很具体地给对方讲数学、讲物理、讲作文，偶尔讲一讲方法，更多的是培养他的兴趣。

培养自己的兴趣，是一个好学生的重要法宝。

培养孩子的兴趣，是一个家长的重要能力。

培养同学们的兴趣，是一个有组织能力的同学的重要素质。

能够培养周边所有人对学习、对工作的兴趣的人，就是一个天才的社会活动家。

如果你善于使自己、使别人提高兴趣、扩大兴趣，你就非常了不起。

所以，同学们从今天开始就要培养自己对培养兴趣的兴趣，我相信，同学们现在对这一点已经有点兴趣了，是不是这样？

可以试一试，有的时候几天解决问题，有的时候几个星期解决问题，使大人、小孩平添一个过去没有的兴趣。有了这样的体验之后，就感到更自信了。

这是第一个方法，特别要用在自己身上。

兴趣培养法之二：自我欣赏法

第二个方法，叫作自我欣赏。

对于自己某一个领域的学习和努力，对于自己某一种聪明的方法，某一种进步，要欣赏。对自己某一次好的课外活动，某一点创造，要欣赏。

善于欣赏自己的作品，善于欣赏自己的兴趣，善于欣赏自己的劳动，是使自己整个活动有兴趣的重要方法。

往下，聪明的同学可能会想到：这个方法用在别人身上，是不是就是培养别人兴趣的方法呢？

是。

自我欣赏是培养自己兴趣的一个方法；

欣赏他人是培养他人兴趣的一个方法。

这很重要。

就好像家里有的人不喜欢做饭，懒得做饭，你一个人做又太累，你就要培养对方做饭的兴趣。这是技术，非常容易，方法很多。

欣赏是一个方法，让对方不得不做一两次，然后给予特别真诚的欣赏，他就会有点兴趣。他再做，再给予足够的欣赏，他就更有兴趣。等他特别爱做饭的时候，说句笑话，你就可以不做了。

要领会这里的奥妙。

兴趣培养法之三：激将法

第三个方法，叫作对自己和对他人实施激将法。

这是一个很重要的方法。比如说，有一件事情你本来懒得做，兴趣不高，但是，当你有了竞争对手，受到激励时，你是不是就有兴趣了？就要尝试着做一做？

你有时可能会这样激励自己：既然这件事情他能做好，为什么我不能做好呢？他能够把这个难题解了，我为什么不能解呢？他的作文能够做好，为什么我不能做好呢？激励自己，这是培养兴趣的一个方法。

同时你们会注意到，激将法也是培养别人兴趣的一个方法。

开个玩笑，又讲到做饭，你对对方说：我根本就不需要你做，我只是觉得你不能做，你也不会做，你在这方面就很差劲，很笨，没有什么悟性。也许经你这么一激，对方就会说：我怎么不会做？我只是懒得做而已，不信，我做给你看！

等他做完饭以后，你就激将法和欣赏法同时进行。你说：你做得这么好，我确实是没有想到。"没有想到"就是一个欣赏，"确实出乎我的意料"，又是一个欣赏，"做得还行"，又是一个欣赏，最后来一句：比我还差得远呢。这就是一个激将法。对方有可能不服气：我接着做！

举这些生动的例子是为了便于同学们领会。在生活中对自己和对他人实行欣赏的方法和激将法，是培养兴趣的重要方面。

兴趣培养法之四：表达的方法

第四个方法，就是表达。

任何一件事情，当你感觉自己有一点兴趣时，要培养扩大这个兴趣，最好的方法就是表达。

你见到同学就说：我特别喜欢作文。这样你对作文的兴趣会在表达中增加。你对同学讲：我特别喜欢电脑，喜欢编程。在你表达的过程中，你这个兴趣也会增加。你过去数学不太好，不太喜欢它，但是你有了一点进步，开始有点兴趣了，你就马上跟别人（家长和同学）说：我现在对数学已经很有兴趣了。这个表达可以使自己的兴趣增加。

　　同学们掌握这个方法以后，会非常受益。你会发现，当你有兴趣的时候，学习效率会成倍增长。

　　兴趣培养法之五：发现学习与工作的特殊意义

　　第五个方法，就是发现你的学习、工作和活动的特殊意义。

　　我们刚才举了一个例子，为了应试，不得不死记硬背一些东西，这时候没有兴趣。但是，当你发现这种记忆力的训练是有意义的，就有了兴趣。

　　一定要在你的学习、工作和活动中发现它的意义，这样你会增加兴趣。落实到学习中，要从现在开始，在每一门课程中都发现它对你未来人生的重要意义。发现它的价值，赋予它以意义。

　　比如，你将来想从事武器设计或者飞机设计，那么你想，数学是重要的、有意义的，你就会有兴趣。物理也很重要，又会逐渐培养起兴趣。外语呢，我要看外文资料，肯定又有意义，还需要兴趣。语文呢，语文有什么用啊？当找不到意义的时候，好像就没有兴趣了。噢，一个人的写作能力是有意义的，我以后需要写论文，于是就也有了兴趣。

　　你还有很多课程，自然、地理或其他课程都有什么意义？都有意义。地理和我设计武器有什么关系？有关系。武器都是在一定的地理环境中应用的。同时，武器对各种天气的适应很重要，这又要研究自然。

总之，在自己的全部学习中找到它的意义和自己人生目标的联系，这是培养兴趣的一个重要方法。

五 简短的回顾

以上讲了中小学生成功的第二法则，叫作兴趣法则。让我们共同回顾一下兴趣法则的主要内容。

同学们要注意，这种回顾和总结也是我们听任何一门课，学习任何一段课文、任何一本书、一章书、一节书的方法。每学完一堂课，不管老师做不做总结，你都要做一个总结和回顾。

现在，我们把前面讲到的兴趣法则的主要内容回顾一下，希望能够在同学们的心中扎根。

我们首先讲了积极性和兴趣的关系。

积极性一般是和兴趣相联系的，有的时候没有联系；但是，积极的学习取得成果以后，大多数情况下会转化为兴趣。

我们接着讲了使积极的努力兴趣化（也就是变为兴趣）是成功的一个重要法则。

因为有兴趣的学习才有高效率，才能激发自己的智力和创造力，才能够持久，才能够轻松。

并不是所有的人都能真正认识兴趣的价值。普天下的人似乎都在讲兴趣，但是，从家长到孩子，真正理解兴趣价值的人还比较少，而我们就要成为这样的人。

我们又讲到了兴趣是一个法宝，是一个武器，它可以攻破很多堡垒：科学的、文学艺术的、哲学的、政治的、经济的、军事的、文化的，方方面面。

一定要善于用兴趣来指挥自己、调动自己，也用兴趣来帮助别人、指挥别人。

然后，我们讲了培养兴趣的方法：

第一是产生培养兴趣的兴趣；

第二是自我欣赏的方法；

第三是激将法；

第四是表达的方法；

第五是发现学习与工作的特殊意义。

希望同学们从今天开始成为认识兴趣重要性的小思想家。

第一，一谈兴趣，你们比别人谈得更透彻，我相信大多数同学都能做到这一点；

第二，成为培养自己和他人兴趣的高手。

从今天开始，希望你们在自己的身上和他人的身上实践一下。你不但培养了自己的兴趣，还用这种方法培养了父母的什么兴趣，培养了同学的什么兴趣。

同学们一定要明白，培养兴趣是使自己成功的一个特别重要的法则。

六　有心而自然地培养自己的兴趣

（一同学提问：兴趣都是和人的个性相关的，但是因为生活所迫，你要干一些离自己兴趣特别远的事情。比如说你喜欢写小说，但是你只能去搞建筑。如果为了干一件事，就去培养这方面的兴趣，我觉得这样说比较牵强。如果一个人对所干过的事全是很有兴趣，我觉得这个人可能有点肤浅，甚至可怜。）

刚才这位同学的提问，我想它的实际意义是这样的，就是在生活中我有些事情是有兴趣、自然而然想做的，爱好的。生活中还有一些事情我不一定有兴趣，可是必须去做。这两件事不是一件事。如果我有意培养兴趣，就显得不自然了。

同学们要知道，你对某些事情有兴趣，实际上是环境对你的培养，而不是生下来就有的。人生下来就有的兴趣，只有吃奶。

我们以前发现过狼孩，一个婴儿生下来就被狼叼走，成为狼孩，十四岁时又被捡了回来。他没有属于人类的那些兴趣：他不喜欢看书，不喜欢看电视，也不喜欢游戏机，还不喜欢用筷子、用刀叉，训练了几年以后，他还是要用手直接抓肉吃。

说明什么？说明兴趣是被环境培养的。

当你自然而然喜欢足球时，你可能不知道，你的爱好是被足球的文化、足球的赛事转播、足球的爱好者、足球的报纸渗透和培养成的。可是另外一个人从来没有接触过足球文化、足球赛事转播、足球新闻、足球场面，他就可能不爱好足球。

所以，兴趣和爱好是由环境造成的。

但是，在生活中，一个比较大一点的人、成熟一点的人，是不是可以对自己兴趣的范围有所掌握，这就要研究了。

刚出生的小孩只有吃奶的兴趣。再大一点，会培养他喜欢玩具的兴趣。再大一点，就知道在外边跑跳，有骑三轮车的兴趣。这时候，你的兴趣不是自己培养的，是家长在培养你的兴趣，环境在培养你的兴趣。

我们绝对不会对一个吃奶的小孩说：你现在开始培养唱歌的兴趣。他不会理我。我们也绝对不能对一个三岁的小孩说：你现在培养当作家的兴趣。这也不太合适。或者你让他现在开始设计武器，也不合适。

但是，当我们长大了，当我们已经逐渐形成一个天然的兴趣范围，一个比较成功的人应该怎么做？

第一，审查自己的兴趣。对有害的兴趣，不应该听之任之，要割除掉。如果你从小生活在一个赌博成风的家庭里，你有赌博的兴趣，抽烟的兴趣，你是不是应该听之任之呢？要去掉。

第二，如果你现在没有学习的兴趣，比如你对学习理科特别没兴趣，或者对于学习文科特别没兴趣，我就会鼓励你全面发展，培养兴趣。

第三，刚才那位同学讲的话里有一个真理：培养兴趣和自己做的事情之间的关系，如何让它处于一个自然状态，而不是生硬地让所有的兴趣都是为了学习、为了工作才去培养的。如果一个人没有一点工作学习之外的、功利主义之外的那种自然而然的爱好，也是很糟糕的。

所以，人的兴趣应该是多方面的：有工作的兴趣，学习的兴趣，还有玩耍的兴趣，业余享受的兴趣，各种各样放松自己和使自己回归生活自然状态的兴趣。

阅读与训练

重温培养积极性的八种方法。

阅读第二章"兴趣法则"。掌握培养自己兴趣的五种方法。

学习日记：你打算怎样培养或增强自己在哪些学科上的兴趣？你对此信心如何？

第三章

自信法则

自信是成功的必要条件。

自信不能停留在想象上。要成为自信者，就要像自信者一样去行动。我们在生活中自信地讲了话，自信地做了事，我们的自信就能真正树立起来。面对社会环境，我们每一个自信的表情、自信的手势、自信的言语都能真正在心中培养起我们的自信。

一　自信是开发潜能的前提

中小学生成功的第三法则，叫作自信法则。

自信法则特别重要，它将伴随今后大量的训练，讲授的方法也最有趣味。

通过前面的讲授，同学们对培养兴趣已经有兴趣了。那么，往下更重要的变化，是使自己的自信心迅速发生变化。每个人都要在自信心方面解决问题。

如果你们不能解决好这个问题，你们就不是好同学，我也不是好老师，咱们只能"同归于尽"。如果你们解决好了自信心问题，你们是好同学，我是好老师，咱们共同胜利。我相信，只要你们认真学习，并且按课程的安排训练自己，绝大多数同学都能使自己成为最自信的孩子。

广义地讲，自信本身就是一种积极性，自信就是自我评价的积极态。

狭义地讲，自信是与积极密切相关的。没有自信的积极，是软弱的、不彻底的、低能的、低效的积极。

当一个人很努力地学习时，这叫积极。可是，如果他一边学习，一边对自己的学习不自信，这种积极是软弱的、不彻底的、低效的。

一边刻苦一边自卑，一边刻苦一边对自己怀疑，一边刻苦努力付出很大代价，可一边老是不自信，这种积极有点费力不讨好。

因此，我把下面这些格言送给同学们，把它输入你们的潜意识中，成为在你心底里终生发挥作用的一些法则。

自信与成功成正比。

自信是成功的必要条件。

自信才可能成功。

不自信，就不可能成功。

自信是一种优良的竞技状态。

百折不挠的自信，更是成功的竞技状态。

自信对于一个学生、对于一个成年人、对于一个想在生活中进取的人，是"金不换"的法则。

培养自信就是培养成功，打击自信就是打击成功。

造就自己的自信和造就他人的自信是造就自己和他人成功的必由之路。

人人都有巨大的潜能，最通俗的科学分析表明，我们的大脑仅被使用了百分之十。而根据一些学者的研究与体验，发现人对大脑潜力的利用还远不到百分之十。大脑有着巨大的潜力。

科学家会告诉你们，一个大脑的容量，如果拿计算机来比喻，我们人类现在制造出的最先进的电子计算机加在一起，都不及人的大脑。这不是开玩笑。

自信是开发潜能的一个前提，不自信者不能开发这个潜能。

很多成功者的体会是，他们做成的每一件事情，都有自信这个因素在起作用，都有自信这个必要的条件。

人们回忆起自己做成的事情，特别是比较困难的事情，比较重大的事情，发现里面一定都有自信心在支撑着。常常在有的时候，成与不成只差一点。

好比两支队伍拔河，势均力敌，拔了半天两边都坚持着不动，谁也拔不过谁。这时候，只要有一边稍微心齐一点，或者有一边力量涣散一点，脚一滑，胜负立刻显示出来。而且显示的结果是，一边是溃不成军，一边是大获全胜。

天下做很多事情都是这样，成功和失败就在一个分寸上。你差一点点力量，就不能成功。这时候，有没有自信其实是决定成败的一念之差。

所以，同学们一定要特别重视自信法则，它对于你今天的学习、明天的工作乃至整个人生都是非常重要的。要成为一个成功的人，就要从现在开始培养一等的自信心。

二　三位一体的神妙圆环

这样，我们就会发现，就学生而言，积极、兴趣和自信形成一个圆环。良性循环和恶性循环都是在这三者之间进行的。

因为积极学习，学得比较好，所以就有了兴趣，同时也有了一点自信；因为有兴趣和自信，就更加爱学习，更加学得积极；积极以后学得更好，就更有兴趣，更有自信。这样，良性循环形成了。

但是，这三件事也可能构成恶性循环：因为学习不太积极，学得不太好，所以就没有兴趣，而且也没有自信；而没有兴趣和没有自信就有可能学习更加不积极、不努力，就学得更不好；学得更不好，就更没有自信和兴趣。

所以，我们在学习、工作和事业中，一定要善于建立积极、兴趣和自信这三位一体的良性循环。

三　做聪明的小白鼠

罗森塔尔效应

我送给同学们一句格言：自信心是人生的根本建设。

自信心的建设是小学高年级和中学生这个年龄段开始的一个特别重要的建设。

我们目前的教育，无论是学校教育还是家庭教育，如果没有自觉地意识到这一点，明确地提出这一点，都是不足。

在这里，我要举一个例子，这个例子在世界心理学上还有一点知名度，它叫作"罗森塔尔效应"，希望这个有趣的故事能够启发同学们。

罗森塔尔是美国的一位心理学教授，他曾经做过一个实验：将一群用于科学实验的小白鼠分成 A、B 两组，将 A 组交给实验员甲，并且对实验员甲说：这一组老鼠是特别聪明的，我经过测试挑选出来的，希望你对它们进行训练；又把 B 组老鼠交给实验员乙，说：这一组比较一般甚至比较笨，这组老鼠交给你来训练。

两个实验员各领着一群聪明老鼠和一群笨老鼠去训练了。过了一段时间，对这两群老鼠进行了一次测试。测试老鼠智商的方法很多，比如说让老鼠走迷宫，在迷宫的出口处有等待老鼠的食物。结果发现，A 组老鼠果然比 B 组老鼠聪明得多。

这时候，罗森塔尔教授对这两名实验员说：我能够告诉你们的是，我事先对老鼠根本没有经过测试，我就是把一群老鼠随机地分成两组，应该说这两组老鼠的平均智力水平是一样的。但是我对你（实验员甲）说这组老鼠是聪明的，对你（实验员乙）说另一组老鼠是笨的，然后交给你们进行训练。

结果，当你（实验员甲）把这群老鼠当作聪明老鼠来训练时，这群老鼠果然就聪明了。当你（实验员乙）把这群老鼠当作笨老鼠来训练时，这群老鼠果然就笨了。这里蕴含的道理非常深刻。

不久，罗森塔尔教授又做了一个有关人的实验。

新同学入学了，他随便在花名册上勾出一组名单，对老师说：这几个同学根据我的心理学测试是特别聪明的孩子，请你用对待聪明孩子的方法去训练他们。然后，他就不管了。

经过一个学年的学习，这一组所谓"聪明"的同学，成绩果然在平均水平上高于其他同学。这时候罗森塔尔教授才告诉老师，其实我没有经过什么实验测试，我只是随机取样。

同学们要想一下，为什么老师心目中这些同学是聪明的，结果这些同学果然就变得聪明了呢？

我总结了一下，假如我是那个老师，那么，当我觉得你是聪明的孩子，我就会用对待聪明孩子的方法来对待你，就会给你更多的、水平更高的训练。因为你是高智商的孩子，那么，你做的每一件聪明事我都能够发现，我特别有心。我给予欣赏的甚至有可能是很一般的并不一定很聪明的事，我也把它当作很聪明的事。

因为我觉得这几个孩子是聪明的，那么即使有一段时间他成绩不太理想，我也会想，聪明的孩子有时难免出现问题，但他以后肯定会好起来的。所以我对他原谅，对他宽容，对他鼓励。因为我觉得他是聪明孩子，更好教，所以我对这个孩子就有一种特殊的偏爱。

总之，我认为他聪明，他后来果然就聪明了。

上面两组实验的结果就叫"罗森塔尔效应"，在随机取样的情况下，当你认定这些同学是聪明的，或者认定他们是傻笨的，这种认定就造成了结果。

我曾经对不少家长讲，如果你有两个孩子，智商本来差不多，你却认为一个聪明一个傻，结果，一个果然聪明了。如果你只有一个孩子呢，你认为他聪明，他可能就会变得聪明。反过来，如果你认为他傻，他可能就真的变傻了。为什么？你每天都用看傻子的眼光看他，他能聪明吗？

如果老师总是用怜悯的眼光看着你，觉得你特傻，老是对你特操心，见了你就唉声叹气、眉头不展，你还有自信心吗？没有了，你就会觉得自己不行。可是，如果老师见了你就欣赏，就微笑，就高兴，你的感觉一定很好。

对自己的五个相信

请同学们想一下，别人认为你聪明，你就能变聪明；别人认为你傻，你就能变傻。你要是认为自己聪明，影响就会更大；你认为自己傻，影响同样会很大。

你的声音，你的目光，从自己身上发出来，每天都在极大地影响着自己。

所以，每个人都要对自己实行罗森塔尔效应。我们大脑的潜力都足够，你只要多开发一点，就会比世界上最聪明的科学家、艺术家和天才都聪明。

从今天开始，希望所有的同学都相信自己是聪明的孩子。

相信自己是聪明的，是高智商的，是有学习能力的；相信自己是强者，有坚强的性格，有很完整的强者的心理素质；相信自己是身心健康的；相信自己是有社会行为能力的；相信自己在生活中是能够进入自在状态的。

这五个相信非常重要。

我们每个人都要做聪明的小白鼠，不要当蠢笨的小白鼠。不仅要接受别人对自己聪明的认定，更要接受自己对自己聪明的认定。

这一点特别重要。有时候，这方面的自信心是决定一切的。

说到一个人的健康，同学们可能会说：我怎么自认为自己是健康的，就一定能够变成健康的呢？

在这里，与认为自己是聪明的一样，都会起作用。

德国的大哲学家康德是西方哲学史上特别著名的人物。思想界评选影响全人类最伟大的前十名思想家时，康德就是其中之一。康德生来身体不好，可是他居然在那个年代活了八十多岁，算是非常长寿的。

他的方法是什么呢？用书面语言说，叫宛如健康地活着。

什么意思呢？他明明身体不太好，但是他把自己看成一个健康人。这一条是他主要的健康之道、养生之道，使他健康地活了八十多岁。结果，很多好像身体没多大毛病的人倒比他短寿，成就不如他。康德一生写了很多哲学书，成为人类历史上最伟大的思想家之一。

相反，一个人总觉得自己身体不好，每天都对别人说，我这儿不舒服，那儿不舒服，每天在心中进行这种不良的自我暗示，结果他身体真的就不好了。

一个人把自己认定为一个健康的人，小毛病不在乎，他就可能成为一个健康的人。

所以，同学们要有五个认定，树立五方面的自信心。

四　破除万种自卑

建立自信的一个特别重要的、基本的出发点是什么呢？

这个出发点就是，一定要破除各种各样的自卑。

一般来说，每个人都不可能有特别完整的自信，都会有某些方面的不自信。怎么办呢？一定要想办法破除它们！

成绩不好，或者不太理想，或者不是最好，都可能产生自卑。不太好、不好会自卑；不是最好，相对于最好的人可能还会自卑。要破除这个自卑，要有自信。

又比如，有的老年人觉得自己记忆力不好，这是一种自卑。只要破除自卑，建立自信，你会发现自己的记忆力马上有所提高。

有人到了四十岁就说，自己年纪大了，记性不好，实际上主要是失去了记忆的自信。当你告诉他，人在这个年龄记忆力根本就不会衰退，也不应该衰退，帮助他建立记忆的自信，才过了两天，他就发现自己记忆力提高了。

你不敢讲话，不敢大声表达，有自卑。或者你觉得自己体质弱一点，身体差一点，有自卑。你觉得自己体育差一点，有自卑。或者你觉得自己个子矮一些，有自卑。

一个人，方方面面都可能形成自卑——胖、瘦、高、矮——都不要，都要建立自信。

或者你觉得自己不漂亮，你自卑。不要，要建立自信。说个笑话，我们也没有觉得葛优怎么漂亮，人家就很有才能。你要是秃顶，可能就很自卑，人家秃顶是大演员。

天下没有什么是应该自卑的。也可能你家庭条件差，或者家里比较贫穷，你自卑。你可以这样想，这其实是对我最好的锻炼，我能奋斗出来，足以说明我付出了比别人更多的努力。

个子矮也不要自卑。天下个子矮的伟大人物有的是：马克思，列宁，邓小平，他们个子不高，但他们都很伟大。长得高大的笨蛋不也有的是吗？不需要自卑。

如果你现在学习条件差，家庭条件和学校条件差，同样不需要自卑。我从差的条件中奋斗出来，取得成功，这说明我有全面的能力。

父母文化低，也可能导致你自卑。天下很多伟大的科学家、艺术家，父母文化程度不一定很高。最伟大的发明家爱迪生的母亲是没有文化的。所以，关于这一点，不需要自卑。

也可能父母对你的照顾、关注和爱心不及其他孩子的父母，这也不需要自卑。这正好说明你是在比较一般的条件下成长起来的，说明你的努力尤其卓越，尤其优秀，尤其令人尊敬。

也许老师对你不太在意，不太偏爱，这不需要自卑。你在这样一个条件下成长为一个优秀的人，不仅现在成功，以后也成功。日后老师想起来：哦，这个同学我过去虽然没有特别在意他，可是他却使我今天最为骄傲。

我们不具备某种能力，可能也会自卑。比如不会唱歌会自卑，其实不需要自卑。我不会唱歌，但我会干别的。或者我不会唱歌是因为我今天没有唱，以后多唱唱我就会了。我不会跳舞，不要自卑，是因为我现在没有跳，我有别的爱好。

任何事情你不会，都不必自卑。有两个解释：一个，我有其他的特长；一个，只要我想会，我可以学，以后也会做好的。

你从小生活在农村或者小城镇，看到大城市的人就自卑。不需要自卑。这样的条件下，你能够和大城市的孩子一样站在成功的领奖台上，说明你的努力更加卓越。你的起跑点离终点更远，你经过了更长距离的跋涉，战胜了更多的困难，历经了更多的坎坷。这很光荣。

有些同学可能有生理缺陷，这都不需要自卑。就像我前面讲到的那些残疾人，当他们获得成功时，他们得到更多的尊重、赞赏和理解，成为全社会的榜样。更进一步说，他们的人生奋斗比之常人更充满了戏剧性和情节。

你不是男孩，可能也会自卑。有的女孩可能想：男孩多好，自己为什么不是男孩。这个不需要自卑。女孩比男孩有很多更可爱的地方，我穿衣服还可以比你穿得更漂亮。当然，也可能有些男孩因为自己不是女孩而自卑。这也不需要自卑，都不需要自卑。

同学们要总结自己心中可能会有的这样或那样的自卑，要把这些自卑全部转化为自信。

五 培养自信的方法

培养和树立自信的方法如下，希望同学们能够掌握。

方法之一：破除自卑

破除自卑，是建立自信的根本方法。而破除自卑的具体办法，就是给每一个引起自卑的事实以一个拨乱反正的正确认识。

人为什么会产生自卑心理？是因为有一个认识在支配你，而那个认识是错误的。

你因为家庭条件不好而自卑，是因为你有一个错误的认识，认为家庭条件不好，让人轻视。你给自己一个正确的认识：我家庭条件不好，学习条件恶劣，但是我经过努力学得更好，说明我更有学习能力，我会赢得更大的尊重。这就是一个正确认识。

你因为个子矮而自卑，那么我们说，世界上伟大的人物中有很多个子不高，拿破仑、马克思、邓小平等都是。还可以举出一大批。我们不需要为个子矮而自卑。

要给引起自卑的事实一个正确的认识，这是破除自卑的具体方法。

方法之二：挺胸抬头

在生活中要挺胸抬头，从调整自己的基本姿势开始。

同学们会注意到，在很多场合，那些自信的人挺胸抬头，那些自卑的人低头弯腰。反过来，挺胸抬头容易带来自信的感觉，低头弯腰容易带来自卑的感觉。要调整自己的形体动作。

方法之三：面带微笑

微笑是获得自信的一个好方法。

当你在比赛、考试、学习、日常生活、唱歌、跳舞、体育等方方面面感到自己不够自信、有些自卑时，一个挺胸抬头，一个面带微笑，就能解决问题。

方法之四：大声讲话

大声讲话，就是训练表达的自信，是建立完整自信的一个突破口。

要从今天开始训练。一定要敢张嘴，一定要放开音量。人多的场面不敢练，人少的场面练；当人面不敢练，先面对镜子自己练。

方法之五：自信的暗示

暗示的方法很多，可以把这些话写在日记本上，贴在墙上，默念在自己心中：我是一个高智商的人；我是一个聪明的人；我是一个强者；我是一个健康的人；我是一个有行为能力的人；我是一个有道德的人；我是一个洒脱自在的人；我是一个自信的人。

要经常用这样的语言来暗示自己。

方法之六：正面的自我描述

要不断地在生活中描述自己。讲健康，自己就健康。讲自信，自己就有可能变得越来越自信。

你可以这样跟同学们讲：我觉得自己别的优点不多，但是我有一个优点，我很自信。我做事情也可能没有这个方法那个方法，但是我始终自信地去做。

大胆地描述自己，特别重要。

方法之七：从行动开始

自信不能停留在想象上。

要成为自信的人，就要像自信的人一样去行动。我们在生活中自信地讲了话，自信地做了事，我们的自信就真正确立起来。面对社会环境，我们每一个自信的表情、自信的手势、自信的寒暄都能真正在心中培养起我们的自信。

同学们，衷心希望你们每一个人都能够树立自信。

六　自信是最重要的广告

在这个世界上，我们每个人都处在一个社会的人才市场之中，每个人都要推销自己这个人才。那么，推销自己这个人才给社会，自信是最重要的广告，自信是最重要的宣传。

自信是使社会接受自己的最重要手段。

中小学生成功的第三法则自信法则讲完了，我们回顾一下就会知道：

自信是成功特别重要的因素；

自信有罗森塔尔效应，我们每个人要对自己实施罗森塔尔效应；

要相信自己，从今天开始培养自信心。

成功的学习、事业和人生都要从自信开始。

那么，我现在就要发问，希望同学们用发自内心的声音来回答我的问题：同学们有没有培养自己自信心的愿望？

（同学：有！）

同学们有没有培养自己自信心的自信？

（同学：有！）

同学们从今天开始能不能成为一个特别自信的学生？

（同学：能！）

同学们相信不相信自己的人生一定能够成功？

（同学：相信！）

非常好！

阅读与训练

重温培养自己兴趣的五种方法。

阅读第三章"自信法则",掌握培养自信心的七种方法。

学习日记:你在哪些方面已经比较自信?你打算培养或强化自己哪些方面的自信心,用什么方法?

用清楚而洪亮的声音向家长、同学、老师或好朋友讲述你重新塑造自己的愿望、积极性、兴趣及信心。

第四章

微笑法则

微笑是人类独有的智慧。在所有的动物中，大概唯有人类会微笑。微笑是人类社会最具成熟性的一种交际能力。

乐观是放大了的微笑。

在整个人生中保持乐观的心态，是获得人生成功的重要秘诀。

一　微笑是人类独有的智慧

中小学生成功的第四法则，叫作微笑法则，也可以叫作微笑乐观法则。

"微笑乐观"这四个字初一听，似乎是特别普通的词语；再一想，又是很多人不太理解其深意的词语。

天下有很多特别好的词语，本来有着很重要的意义，因为人们说得多了，反而麻木了，不注意了。"微笑乐观"正是这样一个词语。

　　希望同学们回想一下，当你首次自觉意识到微笑的力量时，是在什么年龄、什么样的情况下？

　　大概没有一个人不会微笑，然而，真正意识到微笑的作用，并自觉运用微笑，很多人即使到了成年都没有完成这个进步。

　　同学们在听我讲课时不也在笑吗？你们在家里、在学校不也会笑吗？但是，你们不一定真正意识到微笑的作用并自觉地运用微笑。

　　我第一次意识到微笑的作用和自觉运用微笑，是在小学六年级的时候，当时的情景至今记得非常清楚。

　　那次是在北京什刹海游泳场游泳，在游泳池边水淋淋的地面上行走时，我迎面和一个男同学相撞了。我当时也不知道为什么就对他露出一个微笑，而在此之前，我并没有意识到微笑是一个特别有用的交际手段。我只是不假思索地微笑了一下，结果，对方也回给我一个微笑。

　　两个人都挺高兴，碰撞不但没有产生不愉快，事后那个感觉还挺温暖。我总在想我的微笑引来了对方的微笑，在离开游泳场时，还希望能够再次邂逅那个男同学。可惜游泳的人太多，游泳池挤得像煮饺子，我没有能再遇见他。

　　然而，那个微笑给我留下了深刻印象，我发现微笑特别有用。微笑让人感到愉快，微笑让人感到幸福，微笑的感觉特别好。同学们，你意识到过微笑在生活中的作用吗？

　　正是在对微笑有了明确的意识之后，我开始在生活中运用微笑，觉得这是一种给自己带来好感觉的表情。

在以后的人生中，随着我人生经验的增加，我才更意识到微笑的重要性。

我发现微笑是人类独有的智慧。在所有的动物中，唯有人类会微笑。

你见过一头猪微笑吗？见过一匹狼微笑吗？或者一只老虎在微笑吗？那就很可怕了。在动物园里，你可曾见过一匹野马冲你微笑？一头河马冲你微笑？或者一条毒蛇冲你微笑？它们都不会微笑。连最聪明的猴子也不会微笑，它会龇牙咧嘴，但是它不会微笑。猩猩也不会微笑。

这些动物可能有表达喜悦的方式，摇尾巴，跳跃，龇牙咧嘴，发出叫声，做调皮的动作，但是，它的脸不可能浮现出微笑。如果你们养的狗或猫用微笑迎接你们，你们会感到很恐怖的。

这么一想，同学们就明白了，微笑是人类独有的表情。

人是最智慧的动物，微笑是最智慧动物独有的表情。

差异还不止于此。在人类内部，微笑常常更多地属于智慧的人，微笑常常更少地表现在愚蠢的人身上。

当你成为智慧的人类时，你已经进入了使用微笑这个领域。但是，即使在人类内部，也是越具有智慧，就越善于运用微笑。

这样，我们就可以送给同学们如下格言：

微笑是人类最智慧的表现之一。

微笑是人类社会最具成熟性的交际能力。

微笑是一幅遍布人类世界的图画。

二　微笑的七大作用

我们已经讲了，微笑是人类独有的智慧，那么，在我们的生活中、人生中，微笑到底起什么作用？

微笑的作用之一：放松身体

当人微笑时，可以使全身的肌肉得到相对的松弛。

运动员比赛前容易紧张，如果教练横眉怒目或者面部表情非常紧绷地面对运动员，会使运动员更加紧张。如果教练善于运用微笑，也感染和促使运动员微笑，就会使运动员身体的肌肉得到放松。

请同学们尝试一下，当你在生活中遇到生理上（身体）的紧张状态时，你在脸上漾出一个微笑，就能够化解一些紧张。

我曾经用这个方法教授一些成年人，我告诉他们，不仅脸会微笑，如果通过我们的想象力，我们的胃部、我们的胸部、我们的腹部，甚至说一句笑话，我们的臀部也会微笑。你先在脸上漾出一个微笑，然后用想象的方法把这个微笑放到胃部，让胃部也微笑一下。这种想象可以使经常胃痉挛而疼痛的人一下子消除疼痛。

这都说明微笑的作用。

微笑的作用之二：放松心理

微笑能够放松人的心理，放松人的情绪，放松紧张的思维状态。

在我们的训练中，当同学们走上讲台之前和刚刚站到讲台上时，情绪上会紧张，甚至情绪的紧张还会和生理的紧张相联系，比如说手发抖，腿发抖。这时候怎么办呢？你应该在站起来的时候就在脸上漾出一个微笑，这个微笑是给予自己的。而当你走上讲台时，又要做出一个微笑，这是面对大家的。

这些微笑可以化解紧张的情绪。

当同学们做任何一件你认为比较郑重的事情时，难免会有这样或那样的紧张，这时候，微笑是最好的灵丹妙药。

微笑的作用之三：缓解痛苦

微笑能够缓解痛苦、哀伤、忧愁、愤怒、压抑等等不良情绪。

这些情绪都是心理上一种特殊的紧张反应，微笑既然能够放松人的心理，也就能够缓解以上这些不良情绪。

如果你很痛苦，你最初露出的微笑可能是苦笑。但这个苦笑依然会多少化解一点你的痛苦，缓解你的痛苦。

因为你很哀伤，很凄凉，你露出了一个凄然的微笑。这虽然不是特别愉快的微笑，但这个微笑也能够化解、缓解你心头的哀伤与凄凉。

包括那种自我揶揄的微笑，解嘲地笑一下——我今天是怎么搞的，这么笨——你都有可能化解今天遇到的一个挫折。

微笑的作用之四：出现灵感

微笑能够使一直处于紧张、僵化状态的思维出现松动，出现灵活，出现创造，出现灵感。

思维是一种有一定紧张度的心理活动。但是，思维紧张到一定程度，就变成停滞和僵化，就是所谓苦思冥想不得结果，苦思冥想停滞不前，没有成效。这时候，一个微笑可以松弛思维畸形的紧张和僵化，使思维进入灵活状态。

微笑的作用之五：消除疲劳

微笑能够消除心理疲劳，包括学习的疲劳。

这也是对待自己有用、对待集体同样有用的方法。就像一群已经很疲劳的运动员，教练的一个幽默、诙谐的笑话使得大家微笑，疲劳顿消。

微笑的作用之六：缓解人际关系

微笑能够在社会交往中缓解彼此心理、情绪和思维的过度紧张。

交际过程中出现的心理、情绪和思维的过度紧张，常常表现为人际关系的矜持、对立、矛盾、僵局、摩擦、不和谐与别扭。微笑可以使这一切得到调整，因为双方的心理、情绪、思维得到放松，人际关系的紧张度随之降低，双方关系出现松动与和谐。

于是我们发现，微笑是一切交际场合（大至国际外交，小至平常的人与人之间的交往）都非常宝贵的、智慧的交际手段。

微笑会增加你的人缘。

微笑为你带来朋友。

微笑给你增加人生的机会。

微笑使你在人生中更容易成为成功者。

微笑的作用之七：进入乐观的状态

当同学们看到微笑有这么多作用时，一定要善于运用微笑，不要丢失人的这个权利，不要丢失最智慧的动物的这个权利。

要针对自己的成长经历体会一下这个真理。你们正在逐渐长大，你们未来的人生是否成功、幸福、潇洒和自在，完全有可能和善于不善于运用微笑相关。

三 如何善于运用微笑

如何使自己成为一个善于微笑的人呢？其实很简单。

方法之一：自觉运用微笑

如果你过去没有自觉做到这一点，今天就要建立这个自觉。对微笑的自觉，也可能就是你在这次学习中的重要收获。仅仅这一个收获，你会终身受益。

在未来强者训练营中，有一位小诗人叫金今，曾经在训练的现场由同学们随意出题，与我对诗。金今在五岁时就出过两本诗集，著名作家吴祖光亲自为她写序。她在训练营中讲了一句话：我在这个训练营中又有了一个收获，就是学会了微笑。

希望同学们从今天开始自觉地运用微笑。我们绝不做不会微笑的老虎、豺狼、野马和野牛，我们要做智慧的人类。

方法之二：早晨面对镜子微笑

很简单，就是每天早晨起来之后，面对镜子浮出一个微笑。

方法之三：做任何事情之前，面带微笑

无论是学习、做作业、上学还是会朋友、交际，都面带微笑，哪怕这个微笑是给予自己的。

方法之四：感到紧张时，给自己一个微笑

用微笑化解自己生理和心理上的紧张。每一次实践的结果有了收获，就会增加运用微笑的自觉性，和运用微笑的喜悦与兴趣。

在人生中，特别是遇到自己心理高度紧张的重要关头，一定别忘记微笑。

你今天要去高考，一定要微笑着走出家门。当你迈进考场时，要给自己一个微笑。

当你在人际交往中遇到比较重要的场合，遇到难题时，要给周边环境一个微笑。

这种特殊时刻对微笑的运用，不仅效果非常明显，对你的影响非常重要，而且使得你能够真正学会运用微笑。

　　方法之五：寻找榜样

同学们一定会在生活中遇到这样或那样的老师、长者、同学和朋友，他们的微笑让你感到亲切，让你感到温暖，让你感到潇洒和自在，他们的微笑一定有你可以学习、参考的地方，那么，请你把他们当作微笑的榜样。

四　面对整个生活的微笑就是乐观

这样，我们就要讲到微笑的心理学、语言学的定义了。

我们平常的讲话是一种语言，这种语言讲出来是口头语言，写在纸上是书面语言。语言起不起作用呢？作用很大。

我向这个世界表达我的喜怒哀乐，表达我的态度，是用语言。我对你印象好，我对你印象不好，我对你支持，我对你反对，我对你同情，我对你憎恶，我高兴或者我忧愁，语言都能够表达。语言是自己与他人进行交流的符号，是一种基本手段。

从这个意义上讲，没有语言就没有人类。

但是，同学们一定注意到，人类除了文字语言，还有其他表达方式。

比如司机在行车时，他会用喇叭来表示他对前方堵住通道的车辆及行人的一种催促、不耐烦甚至气愤。喇叭高低频率的不同能够传达出一种态度。这是很有意思的。这也是一种语言，与说话是一样的。就好像你生气了，拉开车门下了车、大声吆喝是一样的。

如果再深入研究，人类的语言种类是特别多的。有一种语言，叫作形体语言，或者叫姿态语言、动作语言。

比如两个人伸手相握。一个热烈的握手就含着友好的表示，和我们说"你好、你好"那个感觉是一样的。一个招手的手势就好像在说：请过来，大家都过来。一个挥动拳头怒向对方的姿势就是在说：你小心点，我要不客气了！

动作语言和口头语言的含义是一样的。

我们的表情也会有语言。

当我们横眉冷对的时候，是在讲述对对方的批判、愤怒、蔑视。当我们亲切微笑的时候，是在表示对对方的友善、亲热、欢迎。

微笑，就是一种表情语言。

人有各种语言。和文字相联系的语言是狭义的语言。而广义的语言包括我们的动作语言、姿态语言、表情语言，甚至包括我们的服装语言。

比如，为了悼念去世的亲人或朋友，在旧时代要披麻戴孝，现在，我们在臂上戴一个黑纱。这个变化就是一个语言，表达了我们的悼念和哀伤。

总之，有各种语言。在这些语言中，微笑是一个特殊的表情语言、形体语言。

那么，微笑这个语言中包含的是什么呢？

微笑可以表达喜悦；

微笑可以表达无所谓；

微笑可以表达轻松；

微笑可以表达随意；

微笑可以表达善意；

微笑可以表达好感；

微笑可以表达爱意；

微笑可以表达亲情；

微笑可以表达关心；

微笑可以表达同情；

微笑可以表达自我优越；

微笑可以表达智慧；

微笑可以表达从容；

微笑可以表达自信；

微笑可以表达对整个生活的积极状态；

微笑可以表达胸有成竹的把握；

微笑可以表达能够帮助对方、有力量帮助对方的那种自觉意识。

同学们还可以根据自己的观察与体验，补充微笑的含义。

而微笑特别重要的一个含义，就是表达一种乐观的精神。

当你用微笑对待生活时，本质上就是乐观地对待生活。

我们通常讲的乐观，其实就是面对整个生活的微笑态。

五　微笑乐观给人带来运气

这样，对于微笑的理解，我们就进入一个更加重要的层次了。

我们将下面这些格言送给同学们，这每一句格言都包含着重要的真理，希望同学们在心灵深处与它们共鸣。

微笑乐观是人的福气。

微笑乐观给人带来运气。

微笑乐观是智慧，因为微笑乐观使人的思维进入灵活状态。

微笑乐观是财富。

中国古人讲"和气生财"，其实是古人对微笑的一种概括。这一点同学们长大以后慢慢会观察到。

现在不是有很多人在经商吗？我注意到，凡是做生意比较成功的，都和一个好性格、好气质、好心态相联系。有些人你一看，就感觉他是那种和气生财的人。

如果一个人成天愁眉不展、小肚鸡肠、怨天尤人、唠唠叨叨、数数落落、挂着一张哭丧的脸，这样的人很少能够做成大生意。对于那些失败的人，首先能够告诫他们的，是要调整好自己的心态，使自己面带微笑，乐观。

微笑乐观是社交的金法则。

微笑乐观是健康长寿的秘诀。统计百岁老人的长寿秘诀，发现一条共有的现象，就是这些老人心态乐观，心胸开阔。

微笑乐观是保持健康、保持旺盛的生命力以及长寿的重要秘诀。

当然，生活中也有一些人表面上不苟言笑，但内在的心理状态非常乐观。这是一种潜在的人生微笑态，这样的人同样会成为成功者。

乐观是成功的法宝，这是一条颠扑不破的真理。

同学们现在可以想一下，自己在人生中、学习中、社会活动中、与人交往中，是否做到了微笑乐观呢？

微笑是一种表情，是一种状态。

乐观是放大了的微笑。

希望同学们从此刻开始成为一个更会微笑，从而更乐观的人。善于用微笑化解自己的各种紧张（生理的和心理的），用微笑来调整自己和周边的关系，在微笑中走上讲台、走进考场，走到各种对你来讲重要的人生关头。

在整个人生中保持乐观的心态，是获得成功的重要秘诀。

凡是现在已经比较乐观的同学，你们要进一步研究，如何才能在各种各样的挫折面前保持这样的乐观。而对于那些在学习、生活中暂时还比较缺乏乐观的同学，要研究如何自觉意识到这一点，如何培养自己的乐观状态。

培养乐观从微笑开始。

培养乐观从自觉意识到开始。

当你意识到微笑乐观的重要性时，有了培养微笑乐观的积极性和目标时，有了培养微笑乐观的兴趣时，有了培养微笑乐观的自信心时，微笑乐观就会逐步在你身上生根、发芽、成长。

六 简短的小结

（几位同学汇报听课的收获与体会。）

同学们刚才的汇报很精彩。一个同学为了参加数学竞赛，复习时很紧张，但是，就因为母亲给了他一个微笑，使他消除了紧张，取得了好成绩。一个同学的家庭内部有点冲突，家长的一个微笑，化解了这个冲突。还有一个同学，因为自觉地运用微笑，在舞蹈比赛中得到了更高的评分。

这些都表明，同学们对微笑有了更多的理解。

微笑是一个具体的入手点，要解决的是我们对整个生活的乐观态度。

一群人无论是劳动、工作、学习、游玩，在遇到比较疲劳、比较沮丧、比较困难的挫折时，有人乐观，乐呵呵地把事往愉快了想，往愉快了说，会让你感到非常亲切。反之，如果有人悲观、埋怨、唠叨，你会感到厌烦。这时候，乐观是非常重要的。

更深入地讲，在你自己的人生中，乐观和不乐观有的时候将决定你人生的基本发展。

希望同学们能够以微笑乐观的状态面对生活。

阅读与训练

重温培养自信心的七种方法。

阅读第四章"微笑法则"，掌握运用微笑的五个方法。

学习日记：谈谈你对微笑的作用的理解。抄写两句你最喜欢的关于微笑的格言。（无论对自己还是对他人）运用一次微笑，写下自己的收获和体会。

第五章

专心法则

　　无论是军事家、政治家还是科学家、思想家，很多成功的人，他们能够成就一项事业，其中都有一个重要的素质：善于集中注意力，善于专心致志地做一件事情，善于专心致志地进行研究、学习。

　　当我们赞叹、羡慕、向往和崇拜天才人物的成功时，不如向培养自己注意力集中这个能力开始迈进。

一　专心致志是天才的素质

　　中小学生成功的第五法则，叫专心法则。

　　在对这个法则的学习中，希望同学们同时进行一个训练。要训练自己的专心能力，就是无论做简单的笔记还是用心记，都能在每次学习之后，把这一讲的主要内容复述下来。

　　让我们在专心的、注意力集中的训练中进行这一讲的学习。

我们讲的专心法则，就是心理学意义上的注意力集中的问题。更推广讲，就是精力的集中、思维的集中、智慧的集中、能力和能量的集中。

希望同学们在注意力高度集中的状态中学习注意力集中的问题。

同学们都懂得，你做任何一件事，都有一个注意力是否集中的问题。在你人生的某个阶段，有一个将自己的精力集中在某一领域的问题。

如果同学们不把自己看得非常小，而把自己看成比较大的话，你们多少可以理解一下军事上的战争艺术问题。

两军相战，甚至是两个国家之间进行战争，自然有整体的军事实力、经济实力以及政治实力的对抗。然而，战争的胜负还要取决于指挥者具体的军事指挥。这样，在军事上就有一个术语，叫作集中兵力。

在第二次世界大战中，我们和日本交战。在西方，美国、英国、法国、苏联等国家和德国法西斯交战。在战争进行的过程中，胜负常常取决于一个战役、一个局部能不能够集中兵力对敌人进行以优胜劣、以多胜寡的打击。

比如，你方一百人，我方也一百人。你的一百人分散在一百个地方，我却能集中我一百人中的三十个人，先消灭你方的一个人，又消灭你方的一个人。在每一个战役中，每一个点上，决定胜负的都是这种力量对比。

　　我国古代的军事家孙子也讲过，"我专而敌分"。就是把敌人的兵力分散了，而我的兵力能够集中于一处，那么，这个局部战争中我就能够获得胜利。一个局部一个局部的胜利最后就会累积为整个战争的胜利。

　　做任何事情都与战争一样，必须一个问题一个问题地解决。而在解决一个一个的问题时，要相对地集中我方力量。在学习中、工作中解决任何问题，要相对地集中我们的注意力、我们的思维力、我们的精力，包括我们的时间。

　　一个军事家将自己的兵力分散在广阔的空间，任敌人集中兵力来打击自己，结果只有失败。

　　同学们在学习中，如果我们的精力、我们的注意力、我们的思维、我们的记忆力不能够在一个一个具体的学习目标上予以集中，就不会有成效，不会有学习上的高效率。

　　所以，专心致志的能力是我们作为学生和未来作为成年人特别重要的一个素质。

　　同学们可以对比一下周边其他同学在这个问题上的素质与能力的差别，看看自己处在什么样的水平，有没有专心的要求，能不能够提高自己专心的能力。

　　无论是军事家、政治家还是科学家、思想家，很多成功的人，他们能够成就一项事业，都有一个重要的素质：善于集中自己的注意力，善于专心致志地做一件事情，善于专心致志地进行研究、学习。

　　专心和集中注意力有大小之分。

　　大的注意力，比如说我热爱科学，人生的志向就是要研究天文、研究宇宙、研究物理，我能不能够在很长久的时间内，在很广泛的生活领域中，集中注意力探究这个问题，恒久地钻研这个问题。

　　小的注意力，就是说我现在看书、学习、研究，能不能够高度集中自己的注意力和精力。

　　什么叫天才？天才有一个素质就是能够高度集中自己的注意力。

　　同学们看过很多有关科学家、思想家的传记、逸闻，很多人注意力的集中是令人惊叹的。他们在自己的事业中探索时，常常忘记了时间、空间和环境，甚至忘记了周边最熟悉的事物和人物。这样的故事很多很多。

　　每个同学都应该注意培养这种能力，不管环境有什么样的干扰，能够将自己的注意力集中起来。

　　即使在课堂上，也会有干扰。旁边同学的一个动作，自己心中的一个杂念，一个想说话的欲望，或者一丝隐隐约约的疲倦，都会影响你的专心和注意力的程度，这些都是干扰。善于把这些干扰加以排除，进入专心的状态，这是一种伟大的品质。

　　同学们常常会向往和羡慕世界上各种领域的成功人物，从科学到文学、到哲学、到思想、到经济、到政治、到体育、到艺术的方方面面。但是，你们一定要意识到，一个人能够达到这种成功，需要方方面面的努力和条件。

其中一个重要条件，就是注意力集中的能力。善于在一个大的目标追求过程中集中自己的力量，也善于在每一个时刻的学习、工作和研究中集中自己的注意力。

二 训练专心的十个方法

专心与注意力的集中作为一种特殊的素质和能力，需要通过训练来获得。那么，训练注意力、提高自己专心致志素质的方法有哪些呢？

方法之一：运用积极目标的力量

当你为自己设定了一个要自觉提高注意力和专心能力的目标时，你会发现自己在非常短的时间内，集中注意力的能力有了迅速的提高。

同学们要在训练中完成这个进步。要有一个目标，就是从现在开始比过去善于集中注意力。不论做任何事情，一旦进入，能够迅速地不受干扰。这是非常重要的。

比如，你今天对自己有这个要求，我要在注意力高度集中的情况下，将这一讲的内容基本上一次都记忆下来。当你有了这个训练目标时，你的注意力本身就会高度集中，你就会排除干扰。

同学们知道，在军事上把兵力漫无目的地分散开，被敌人各个围歼，是败军之将。这与我们在学习、工作和事业中一样，将自己的精力漫无目标地散漫成一片，永远是失败者。

学会在需要的任何时候将自己的力量集中起来，注意力集中起来，这是成功者的天才品质。

培养这种品质的第一个方法，是要有这样的目标。

方法之二：培养对专心素质的兴趣

要有培养注意力集中和专心致志这种素质的兴趣。

有了这种兴趣，你就会给自己设置很多训练的科目、训练的方式、训练的手段。你就会在很短的时间内，甚至完全有可能通过一个暑期的自我训练，发现自己和书上所赞扬的那些大科学家、大思想家、大文学家、大政治家、大军事家一样，有了令人称赞的注意力集中的能力。

同学们在休息和玩耍中可以散漫自在，一旦开始做一件事情，如何迅速集中自己的注意力，这是才能。就像军事家迅速集中自己的兵力，在一个点上歼灭敌人，这是军事天才。

我们知道，在军事上，要集中兵力而不被敌人觉察，要战胜各种空间、地理、时间上的困难，要战胜军队的疲劳，要调动方方面面的因素，需要各种集中兵力的具体手段。同学们集中自己的精力、注意力，也要掌握各种各样的手段。这些都值得探讨，是很有乐趣的事情。

方法之三：要有对专心素质的自信

千万不要受各种不良暗示。有的家长从小就这样说孩子：我的孩子注意力不集中。我在很多场合都听到家长说：我的孩子上课时精力不集中。有的同学自己可能也这样认为。

不要这样认为，因为这种状态可以改变。

如果你现在比较善于集中注意力，那么，肯定那些天才的科学家、思想家、事业家、艺术家在这方面还有值得你学习的地方，你还有不及他们的地方，你就要想办法超过他们。

对于绝大多数同学，只要你有这个自信心，相信自己可以具备迅速提高注意力集中的能力，能够掌握专心这样一种方法，你就能具备这种素质。我们都是正常人，只要下定决心，不受干扰，排除干扰，肯定可以做到注意力高度集中。

希望同学们对自己实行训练。经过这样的训练，能够发生一个质的飞跃。

方法之四：善于排除外界干扰

要在排除干扰中训练排除干扰的能力。

毛泽东在年轻时为了训练自己注意力集中的能力，曾经做过这样一个训练科目，即到城门洞里、车水马龙之处读书。为了什么？就是为了训练自己的抗干扰能力。

同学们一定知道，一些优秀的军事家在炮火连天的情况下，依然能够非常沉着地、注意力高度集中地在指挥中心判断战略战术的选择和取向。关乎生死的危险就悬在头上，可是还要能够排除种种威胁对你的干扰，来决定军事上如何部署。这种抗拒环境干扰的能力，需要训练。

我在你们这么大的年纪时曾有意做过这种训练。就是不管环境多么嘈杂，当我进入我要阅读和学习的科目时，对周围的一切因素置若罔闻。这是可以训练成功的。

方法之五：善于排除内心的干扰

有时候，环境可能很安静，比如在课堂上，周围同学都坐得很好，但是，自己内心可能有一种骚动，有一种干扰自己的情绪活动，有一种与这个学习不相关的兴奋。对各种各样的情绪活动，要善于将它们放下来，予以排除。

这时候，同学们要学会将身体坐端正，将整个面部表情放松下来，也就是将内心各种情绪的干扰随同身体的放松都放到一边。

内心的干扰常常比环境的干扰更严重。

同学们可以想一下，在课堂上，为什么有的同学能够始终注意力集中呢？为什么有的同学注意力不能集中呢？除了有没有学习的目标、兴趣和自信之外，还有一个就是善于不善于排除内心的干扰。

有时候并不是周围的同学在骚扰你，而是你自己心头有各种各样浮光掠影的东西。要去除它们，这个能力是要训练的。

如果你就是想浑浑噩噩、糊糊涂涂过一生，乃至到了三十岁还要靠父母养活，那你可以不训练这个。

但是，如果你确实想做一个自己也很满意的现代人，就要具备这种事到临头能够集中注意力的素质和能力，善于在各种环境中不但能够排除环境的干扰，同时能够排除自己内心的干扰。

方法之六：节奏分明地处理学习与休息的关系

同学们千万不要这样学习：我这一天就是复习功课，然后，从早晨开始就好像在复习功课，书一直在手边，但是效率很低，同时一会儿干干这个，一会儿干干那个。十二个小时就这样过去了，休息也没有休息好，玩也没玩好，学习也没有什么成效。

或者，你一大早到公园念外语，坐了一个小时或两个小时，散散漫漫，说念也念了，说不念也跟没念差不多，没有记住多少东西。这叫学习和休息、劳和逸的节奏不分明。

正确的态度是要分明。那就是从现在开始，集中一小时的精力，比如背诵八十个英语单词，看我能不能背诵下来。高度地集中注意力，尝试着一定把这些单词记下来。学习完了，再休息，再玩耍。当需要再次进入学习的时候，又能高度集中注意力。这叫张弛有道。

一定要训练这个能力。永远不要熬时间，不要折磨自己。一定要善于在短时间内把注意力集中，高效率地学习。

要这样训练自己：安静的时候，像一棵树；行动的时候，像闪电雷霆；休息的时候，流水一样散漫；学习的时候，像军事上实施进攻一样集中优势兵力。这样的训练才能使自己越来越具备注意力集中的能力。

方法之七：空间清静

当你在家中复习功课或学习时，要将书桌上与此时学习内容无关的其他书籍、物品全部清走。

在你的视野中，只有现在要学习的科目。这种空间上的处理，是训练自己注意力集中的一个必要手段。

同学们常常会发现这样生动的场面，你坐在桌子前，想学数学了，这儿有一张报纸，本来是垫在书底下的，上面有些新闻，你止不住就看开了，看了半天，才想到我是来学数学的。一张报纸就把你牵挂走了。

或者本来你是要学习的，桌子一角的小电视还开着呢，看着看着，从数学王国出去了，到了喜欢的歌星那儿了。甚至可能只是一个小纸片，上面写着什么字，让你看着看着又想起一件事情。

所以，作为训练注意力的最初阶段，做一件事情之前，首先要清除书桌上全部无关的东西。然后，使自己迅速进入主题。

如果你能够做到一分钟之内没有杂念，进入主题，你就了不起。如果你半分钟就能进入主题，就更了不起。如果你一坐在那里，十秒、五秒，当下就进入，那就是天才，那就是效率。

有的人说，自己复习功课用了四个小时，其实那四个小时大多数在散漫中、低效率中度过，没有用。反之，你开始学习，一坐在那里，将与此无关的全部内容置之脑外，这就是高效率。

方法之八：清理大脑

收拾书桌是为了用视野中的清理集中自己的注意力，那么，你同时也可以清理自己的大脑。你经常收拾书桌，慢慢就会有一个形象的类比，觉得大脑也像书桌一样。

大脑是一个屏幕，那里面也堆放着很多东西，一上来，将在自己心头此时此刻浮光掠影活动的各种无关情绪、思绪和信息清除掉，在大脑中就留下你现在要进行的科目，就像收拾你的桌子一样。

同学们，这样的训练希望从今天就要开始，它并不困难。

当你将思想中的所有杂念都去除的时候，一瞬间你就进入了专一的主题，你的大脑就充分调动起来，你才有才智，你才有发明，你才有创造，你才有观察的能力、记忆的能力、逻辑推理的能力和想象的能力。

如果不是这样，你坐在那里，十分钟之内脑袋瓜儿还是车水马龙，还是风马牛不相及，还是天南海北，那么，这十分钟是被浪费掉的。再有十分钟，不是车水马龙了，但依然是熙熙攘攘的街道，又十分钟过去了。到最后学习开始了，难免三心二意，效率很低。

这种状态我们以后不能再要了，要善于迅速进入自己专心的主题。

方法之九：对感官的全部训练

我们可以进行视觉、听觉、感觉方面的类似训练。

同学们可以训练自己在一段时间内盯视一个目标，而不被其他的图像所转移。你们可以训练在一段时间内虽然有万千种声音，但是集中聆听一种声音。你们也可以在整个世界中只感觉太阳的存在或者只感觉月亮的存在，或者只感觉周围空气的温度。

这种感觉上的专心训练是进行注意力训练的有用的技术手段。

方法之十：不在难点上停留

同学们都会意识到，我们理解的事物、有兴趣的事物，当我们去探究它、观察它时，就比较容易集中注意力。比如说我喜欢数学，数学课就比较容易集中注意力，因为我理解，又比较有兴趣。反之，因为我不太喜欢化学，缺乏兴趣，对老师讲的课又缺乏足够的理解，就有可能注意力分散。

在这种情况下，我们就有了正反两个方面的对策。

正的对策是，我们要利用自己的理解力、利用自己的兴趣集中注意力。

而对那些还缺乏理解、缺乏兴趣的事物，当我们必须研究它、学习它时，这就是一个特别艰难的训练了。

　　首先，同学们听老师讲课的过程中，出现任何不理解的环节，你不要在这个环节上停留。这一点不懂，没关系，接着听老师往下讲。你在研究一个事物的时候，这个问题你不太理解，不要紧，你接着往下研究。你读一本书的时候，这个点不太理解，你做了努力还不太理解，没关系，放下来，接着往下阅读。

　　千万不要被前几页的难点挡住，对整本书望而止步。

　　实际上，在你往下阅读的过程中可能会发现，后边大部分内容你都能理解。前边这几页所谓不理解的东西，你慢慢也会理解。

　　如果你对这些内容还缺乏兴趣，而你有必要去研究它和学习它，那么，你就要这样想，兴趣是在学习、掌握和实践的过程中逐步培养的。

三　三种最重要的方法

　　关于训练自己注意力的集中和专心的能力，我们讲了十个方法。这里边最最重要的方法，是前三个方法。

　　第一个方法，一定要有训练注意力集中、专心致志这种素质和能力的目标，要有自觉意识，要积极地进行这种训练。

　　这一条最重要。有了这一条，同学们根本就不必去听东西南北的各种说法。

只要有了这种训练注意力的目标和积极性，同学们会发现，各种伟大的科学家、艺术家、哲学家、军事家、政治家，他们的才能，他们的注意力集中的能力，你们都能获得。

第二个方法，就是要有兴趣去训练。

训练自己专心致志的能力是很有意思的一件事，就好像毛泽东还到城门洞里去读书一样。

有时候一个环境有点干扰，你一烦，可能什么也干不下去了。你要这样想，这正好是训练注意力集中的一个好机会。你有了这个兴趣，不但克服了环境的干扰，完成了当时的学习和研究，而且，体会到了训练注意力集中的素质和能力的这种乐趣。

我认识一些老知识分子，他们是这个学科或那个学科的专家，有些人家中的居住条件并不很好，甚至很拥挤，大人小孩很多，书籍堆了一屋子，书柜上上下下挤得满满的，写字台上也堆得满满的，再加上大人小孩的活动，显得并不安静。

可是，当他坐在自己的研究资料面前时，居然可以丝毫不受环境的干扰。电视开得山响，他不在意。小孩哭闹成一片，他也不在意。叫他吃饭，他居然听不见。这就是注意力集中的素质，这也是他们能够在各个领域取得成就的原因之一。

第三个方法，就是一定要有培养一流的注意力集中的这种自信。

四　尽快站到成功的门前

希望同学们通过训练能够在专心方面有一流的素质和能力。只要你有这个想法，做到这一点并不难。

你们要这么想，因为你们比同年龄的其他同学更早地自觉到这一点，结果你们稍微地做了一点自我要求和自我训练，有了这样的目标、兴趣和自信，过了一学期，你们在学习方面有了比同班同学、同年级同学更强的专心的能力、集中注意力的能力。

结果，你们在学习中节奏分明，该休息就休息，该学习就学习，效率特别高，方方面面都显出高效率来，学习和课外的爱好都有天才的表现，你们会感到非常幸福。

只要同学们有意识地训练注意力集中的能力，训练专心致志的素质和能力，我相信，在不长的时间内，同学们一定会有质的飞跃。这一飞跃也将是你迈向成功、迈向天才的飞跃。

没有这个能力，想成为一个伟大的成功者，成为某个领域的天才人物，是不可能的。

不管你多么活泼，多么爱动，多么思想丰富、兴趣广泛，你都要像优秀的军事家一样，在某一个环节、某一个时刻善于迅速集中自己的注意。那种在必要的时刻、关键的时刻不能集中注意力的人，其实是非常软弱、非常无能的人。

　　你们一定要从现在开始提高这种素质，向这种素质要未来的学习成绩，向这种素质要未来的成功！

　　关于这一点，能送给同学们的格言就很多了：

　　专心致志是人生得到成功的必要条件之一。

　　集中注意力的能力是一切成功者必备的能力。

　　善于不善于集中注意力，是我们在各个领域内能不能够完成任务的必要能力。

　　当你具有了超人的集中注意力的能力时，你就具有了超凡脱俗的天才和成功。

　　当我们赞叹、羡慕、向往和崇拜天才人物的成功时，不如向培养自己注意力集中的这个能力开始迈进。

　　如果你能够在任何环境中迅速进入自己要进入的研究主题，你就已经站在了成功的门前。

　　要使自己在任何状态中，都能瞬间进入要探究的主题之中，在你从事任何一个科目的学习和研究时，都要放下万端杂念，专注于一。

　　当我们与周围世界进行比赛和竞争时，肤浅者只把眼睛放在成绩或分数的比较上，真正的深刻者才会看到注意力能力的高下之分。

　　希望同学们都能在心中强烈地意识到注意力集中与专心这种素质和能力的重要性，都从今天开始自觉培养，建立培养的目标、培养的兴趣和培养的自信。

五 主动地阅读与接受信息

如何使注意力集中，还有一个重要的原则，或者说一种重要的技术，即不是被动地听课、阅读和接受信息，而是主动地听课、阅读和接受信息。

所谓主动，就是不仅让那些东西进到脑子里来，还要对它进行加工、精练、简化、编组，否则，你很难将源源不断过来的文字和信息真正记忆下来。

比如前面讲授了这么多内容，你首先要想到，这是讲了十个方法。

这十个方法，前三个最重要，一个目标、一个兴趣、一个自信，是我讲过的三个主要成功法则。

后边的方法又要加工一下，有对环境干扰的排除，有对内心干扰的排除，这是对应的。收拾书桌是对整个视野的清除，还讲到对思想进行清理。与清理书桌一样，这又是一种联系。

最后又讲了对视觉、听觉、感觉种种方面的清理。

这样整理一下，就理清楚了。

所以，当我们说集中注意力的时候，就是将大脑像一台机器一样开动起来，然后对接受的各种信息进行处理。

如果你是被动地接受信息，这种注意力的集中是表面的，甚至可以说是一种假象，没有取得真正的效果。

真正的注意力集中，就是大脑一直在飞转，在加工老师、书本和整个环境给予的信息。

比如我训练同学们讲话，我肯定要注意地听，而且马上就归纳他讲了哪几点，还缺哪几点。如果我不这么做，我可能什么也记不住。

下面，我们还将讲到这些素质在学习中的应用。

阅读与训练

重温运用微笑的五个方法。

阅读第五章"专心法则"。掌握训练集中注意力和专心致志能力的十种方法。

学习日记：运用专心法则听一门课（特别是自己以前不太容易专心的科目），并写下自己的收获与体会。

第六章

培养超常的观察力、记忆力

观察能力是大脑多种智力活动的基础能力，它是记忆和思维的基础。因此，没有记忆的观察是没有意义的观察。

观察只有在形成记忆之后，才能够成为人的财富。

如果一个人对生活中任何现象、任何事物、任何文字、任何信息、任何图解都没有记忆，实际上无从思维。记忆为思维提供了有用的素材。

一 观察能力和记忆能力

全面考察一个中小学生智力方面的素质或者说智力方面的能力，主要的是这样几个方面：一是观察能力，二是记忆能力，三是思维能力，四是听讲阅读能力，五是表达能力，六是学习的自我管理能力。

这些能力，每个同学都应该从现在开始加强培养，不断提高。

我们前面讲到积极、兴趣、自信、专心和微笑乐观，这是五个基本的成功法则。

当现在进入学习智能的探索时，我们就要考虑如何从五个基本法则出发，全面塑造在学习方面的智力素质或者说智能。

首先谈谈培养超常的观察和记忆能力。

观察能力是大脑多种智力活动的基础能力，它是记忆和思维的基础。

只要同学们稍微联系一点自己的知识、经验和思想，就能够注意到，不同的领域有不同的观察。

艺术家有艺术家的观察：一个作家，一个画家，一个音乐家，一个舞蹈家，一个雕塑家，一个摄影家，一个书法家，他们会对这个世界进行文学、艺术的观察。而科学家有科学家的观察：从宇宙到常规世界、到微观世界，天文、地理等方方面面。政治家有政治家的观察：观察国际、国内的政治形势、经济发展。我们还会看到，社会活动家有社会活动家的观察，经济学家有经济学家的观察，军事家有军事家的观察，哲学家有哲学家的观察，等等。

每一领域的观察都不是单方面的，而是多方面的，从具体的现象到整个形势和动态。

科学家可能会具体观察他研究的一个项目，一个具体的现象，一个粒子的分裂，一个行星的爆炸，一个昆虫的诞生，一个物种的消失或者出现。他也可能观察整个科学或者自己专业的学术动态，比如物理学发展的动态，物理学发展的形势；生物学发展的动态，生物学发展的形势。

正是这些观察，是科学家也是其他领域的活动家得以实现自己研究、创造成功的基础。观察具体的现象并从中得到具体的发现；观察形势和动态使得自己在选题方面、创造的方向上得到正确的判断。

至于讲到记忆能力，同学们会心中一动。联系到自己的学习，记忆能力的重要性是不言而喻的。

所有的观察只有在形成某种记忆之后，才能够成为人的财富。

如果你观察到一个现象，一秒钟后忘了，就什么用也没有，等于你什么也没观察到。即使是一分钟的记忆、五分钟的记忆，观察的记忆也会成为你在某一时间段内有用的素材。

因此，没有记忆的观察是没有意义的观察。

同时，记忆是思维的基础。如果你对生活中任何现象、任何事物、任何文字、任何信息、任何图解都没有记忆，实际上你无从思维。记忆为思维提供了有用的素材。

记忆能力是学习优劣的重要原因之一。

记忆能力也是人在事业中，特别是在科学、思想、艺术、文学创造、文化研究和社会活动中获得成功的重要素质之一。

二 加强观察与记忆的责任心

同学们最关心的可能是如何提高观察能力和记忆能力。我曾经和不少同学探讨过这个问题，也研究了国内外有关的心理学、教育学著作。

观察力、记忆力到底如何培养、如何提高，这里最重要的方法、最大的诀窍是什么？希望同学们现在开始在自己的大脑中思索这个问题。

你们的思维应该和这里的阐述平行发展——到底什么方法是提高自己在观察和记忆方面能力的重要途径？有没有诀窍？

我曾在很多场合提出过这个问题，很多人找不到正确答案。而一旦把正确答案讲出来，人们往往恍然大悟。

现在，让我们讲授这个最重要的诀窍和方法。

提高观察能力、记忆能力，最重要的是提高我们在这方面的积极追求，明确在这方面的积极目标。换一个说法，提高观察能力的最重要方法是加强观察的责任心，提高记忆能力的最重要方法是提高记忆的责任心。

同学们，你们很多人都住楼房，最熟悉的莫过于自己的家了，有谁能够讲出你家的楼层是几级台阶？又比如，同学们谁能够回答出你前后左右四个同学昨天穿的服装？

如果让你闭上眼，你对前后左右四个同学的服装是不清楚的。

一次我在大学作报告，会议厅在教学楼四层，很多同学都很熟悉。我问：从一楼到四楼，一共有多少级台阶？

没有一个同学能够回答出来。

也许这些问题并没有多少实际意义，大学生并不需要记住教学楼的楼梯有多少级。每个同学也不需要把自己家的楼梯数清楚，更没有必要把前后左右的同学每天穿的衣服都记下来。但是，这个例子说明什么？

说明我们身边非常熟悉的事物，当没有观察它的要求时，什么都观察不到；当没有记忆它的要求时，什么都记忆不下来。

一个电话号码，当你没有想用脑子记忆时，你打了几十次，还要翻电话本。当我们告诉你，由于执行特殊任务，这个号码只能记在脑子里，必须硬记，因为这个电话对你很重要，没有一个人完不成任务。

这个例子含着深刻的真理，它包含着观察和记忆的根本奥秘。

只是这个深刻的真理不为很多人所自觉。

如果你想提高自己某一时刻观察和记忆的效率，第一个重要方法就是在这方面有责任心。

所谓的责任心是什么？就是我确确实实要通过我的观察和记忆，完成观察和记忆的任务。

当你坐在教室里学习时，如果你一定要记住老师讲的内容，大脑就会高度兴奋和工作，你就有可能完成这个记忆。如果你没有这个意识，同样听一节课，可能记忆甚少。

如果同学们有这种意识，训练的时候就一定要想办法尽可能多地记忆老师讲授的内容：这些知识是非常有用的，我以后是要拿这套法则来训练自己的。那么，你就会记得比较多。

不仅提高记忆的效率是这样，提高记忆的能力也在于此。

前面举的那些例子，同学们可能觉得很好笑。但是，我们常常在看书的时候，与我们面对台阶的感觉差不多。任台阶在脚下一步一步地走过，没有有意识地去观察它和记忆它，起码这种观察、记忆的意识不够强烈。结果走多少遍、看多少遍、读多少遍、观察了多少遍，却没有记忆。

所以同学们要训练自己，要迫使自己、规定自己在每一堂课中，尽可能在理解的基础上记住课堂上讲的全部内容。

你们在读一篇文章、一本书的时候，也要对自己有这样的要求，就是我通过一遍阅读，就能记住大部分内容。

这种记忆的、观察的责任心，这种积极的目标，是提高观察能力和记忆能力的最重要法则。

同学们如果能够真正领会这一点，将受益无穷。

正是凭着这种训练，很多人成为记忆的天才。如果你没有提高自己观察和记忆能力的这种要求，是很难在这方面得到完善塑造的。

在这里，送给同学们一些格言：

不真正想观察，是观察不到的。

不真正想深入观察，是无法观察深入的。

不真正想记忆，是记不住的。

不真正想记忆好，是记忆不好的。

我们说，这种想深入观察、记忆牢固的愿望、目标和责任心，必须是真正的。它不仅是理智上勉强的自我规范，还是从自己内心深处种下的一个愿望、要求、目标和责任心。用心理学的语言讲，是你的潜意识中就有这样一个深刻的责任心和愿望。

如果同学们从今天开始能够有这个愿望，你们就会在今后的学习中取得突飞猛进的进步。

我看到一位同学在课间看一本天文杂志，他一边看一边试图拿笔在上面画一画。为什么？他想记住其中的某些知识点、某些数据。这表明这位同学在这个阅读中有记忆的责任心，他就有可能记住某些东西。

相反，同一位同学，如果他当时没有记忆的责任心，只是散漫地浏览，一遍两遍地看，不会记住多少东西。

同样的内容，比如那位同学看的有关天马座的知识，有关它的所有科学数据，当你没有记忆它的要求时，就是在手中来回浏览一百遍，都可能记忆不下来。只有你想记忆，而且这种要求非常强烈，记忆的效果才越高。

在学习中，记忆的效果有高低之分，请同学们不要在一般的所谓脑子好用、不好用上找原因，也不要在一般的所谓记忆技巧上找原因。最重要的原因是，你有没有强烈的记忆的目标、记忆的要求、记忆的追求。

三　培养观察与记忆的兴趣

提高观察和记忆能力的第二个重要方法，就是培养我们观察的兴趣、记忆的兴趣。

观察和记忆，当我们把它作为苦事时，没有好的观察，没有好的记忆。当我们化苦为乐，以观察、记忆为乐趣时，观察和记忆才能出现高效率。

因此，游戏观察法、游戏记忆法实际上是提高我们观察、记忆能力的一个基本原则。很多记忆方面的天才人物，都是对记忆饶有兴趣的人。

同学们如果对观察和记忆有了探索的兴趣、琢磨的兴趣、提高的兴趣，那么，你的观察和记忆能力就会十倍地提高。

我们经常注意到一些行业的天才人物在表演和炫耀他们的观察力和记忆力。比如有些画家可以在他到过一个场合之后，回来将整个场面非常具体形象地甚至是丝毫不差地再现出来。

有的社会活动家可以记住成千上万只见过一面的人。当这个人时隔多年再一次遇到时，他能够道出对方的姓名，回忆起上次见面的时间和场面，使对方倍感亲切。

那么，同学们培养自己观察力和记忆力时，也可能从中得到启示。你们也要在生活中找到表现自己、炫耀自己观察能力和记忆能力的兴趣。有了这种兴趣，才能够有观察和记忆方面的高效率和高能力。

我在读中学的时候，对记忆能力做过很多训练。从记忆训练的自觉要求开始，到逐渐建立兴趣，我发现这确实是一件很有意思的事情。

特别是我们作为学生，记忆能力的重要显而易见。

我曾经辅导过一个年轻人，如何在很短的时间内，把一本看来不薄的书迅速记忆下来。掌握了我的方法之后，他发现果然可以用比过去快几倍的速度记忆下来。

希望同学们越来越增强这方面的责任心，越来越提高这方面的兴趣，经过这样的训练之后，能在新的学年中表现出突飞猛进的变化。

四　提高观察、记忆的自信

提高观察能力和记忆能力的第三个重要方法，是提高我们观察、记忆的自信。

我在很多场合讲过，一些中年人，甚至一些大龄青年，比如说二十七八岁，他们有的时候都会发出这样的抱怨，说自己年纪大了，记忆力不好了。

对于这一点，我曾经和很多成年人交流过。我对他们说：根本不存在这个问题。你之所以记忆力衰退了，好像记忆力不行了，其实是在记忆方面你丧失了自信。当所谓"年纪增长了，记忆力不如以前了"这样一个说法控制了你的思想时，你就失去了记忆的自信。

我对他们讲：你的自我认识是错误的。我可以通过我的体验和很多专家的体验来证实一点，只要你不衰减自己在这方面的自信心，随着年龄的增长记忆力不但不衰减，而且完全可能有所提高。根本不需要太复杂的训练，只要改变了这个不自信的错误观念，从现在开始相信自己能够记忆，你们试一试，记忆力马上就会发生天壤之别的变化。

有些人一下子就领悟了，进入新状态。

可是，还有一些人会嘟嘟囔囔解释说，他确实记忆力不行了，不是自信心的问题，确实是脑子记不住很多东西。

于是，我就再做引导，对他进行良性的心理暗示，晓之以理，举例子，帮助他做一些最简单的训练。

这时候，很可能他突然找到感觉：根本不存在记忆力衰减的问题。

这说明什么？说明对于成年人也存在这样一个规律：相信自己能记忆好，就能记忆好；不相信自己能记忆好，就记忆不好。

同学们现在所面对的也是这样的问题。

　　如果你过去认为自己的记忆力不是很好，就要改变观念，要建立自信心。过去没有自信心是错误的。有了积极目标，有了兴趣，有了自信心，记忆力会成倍地增加。

　　如果你现在的记忆力比较好，那么你有继续提高的任务。你有没有更高的目标、更高的兴趣、更高的自信？当你看到很多成功的专家有各种各样超强记忆的传记、逸闻时，你不要把它当作云端上少数人的奇迹来观赏、来仰望、来羡慕、来崇拜。你要这样想，只要努力，你也一定能做到。

　　希望每个同学从今天开始改变观念。大脑潜力非常大，没有积极目标，没有兴趣，没有自信，这个潜力就越来越被掩埋，像一块土地被野草覆盖，荒芜。如果你开发，它有广阔的空间，可以给你提供很多创造奇迹的机会。

　　再过多少年，同学们也许会回忆起你在少年时期的这次训练。很多人会在更成熟一点的时候，理解这次训练给你带来的价值。

　　凡是在这方面有领会、有追求的同学，以后就会发生比较大的变化。而缺少领会和缺少追求的人，就错过了一个机会。

　　缺少领会的同学有两种情况：

　　一种，是现在还缺乏足够的自信，还没有完全从观察、记忆能力的自卑状态中挣脱出来，总觉得观察和记忆的天才不是自己。

　　还有一种，是以为自己这方面不错了，觉得自己学习不错，记忆力也还可以，不需要提高。

殊不知，你离天才的观察和记忆还差得远呢。不信就试一试，书里面的内容，不用笔记，整个都复述出来，你做得到吗？应该能够做到这一点。

我上中学时，常去学校的阅览室，后来大一点到北京图书馆读书，阅览室人多、拥挤、乱，不适合做笔记。我一下午要读七八本、十几本不同领域的杂志，回家以后，我就这样训练自己，把白天读到的全部内容，在一个晚自习中做出笔记来。

同学们也可以尝试做这种训练。没有对自己的要求，永远不会达到这种水平。每个人都要有继续提高自己的追求和自信。

我读高中的时候，不仅把高中课程学完了，还把大学课程学完了，还看了古今中外的许多哲学名著。有的同学问：你哪来那么多时间？我说，我的时间和你一样多，我也一样睡觉，一样玩耍。靠什么呢？全靠方法。

所以，同学们一定要领会，并不是学了这些方法以后，你一下子什么都会了。而是找到这个感觉以后，你们进入了一种好状态，用观察与记忆的责任心要求自己。从今天开始有这种意识，有这种目标，有这种兴趣，有这种自信，你们就可能经过一个学期或者一个学年后发现，你们在这方面的能力已经迅速提高，在家长、老师和同学的眼里创造出奇迹。

五　善于集中大脑活动的力量

专心致志的真正含义

提高观察、记忆能力的第四个重要方法，是注意力的集中。在积极的目标、兴趣和自信的基础上，在需要观察、需要记忆的时候，善于集中自己的力量，集中自己大脑活动的力量来进行观察和学习。

所谓集中力量、集中注意力，就是在一边观察、一边记忆的过程中还一直在想，脑子里一直在活动。要体会这种感觉。有的时候你可能根本就没有活动，就在那儿听，就在那儿看。有的时候你想活动，又不知道如何活动。

比如老师在课堂上讲课，如果你的思维不积极参与，你怎么可能把他讲的内容都记住呢？

老师的讲授其实是有逻辑和结构的。当你在大脑中不断地整理它的逻辑和结构，研究它的顺序和关系时，你的思维就积极参与了。

你会发现，老师先讲的是一个人智能的几种表现、几个方面，然后讲到探讨观察和记忆力，又讲到观察力和记忆力的一些属性，最后讲到如何提高观察力和记忆力。

在讲到如何提高观察力和记忆力时，你们会突然发现，这和前边讲的五个法则是一个顺序，先是积极的要求和目标，而后是兴趣，是自信，现在讲到专心。

只有这样用逻辑思维，让整个大脑积极参与思维，同学们才能够实现真正意义上的专心，才是在运用你的思维力量。

所以，同学们在以后的学习中要找到一种感觉。如果你上课听讲，这个脑子没有活动，或者找不到活动的方式，这就是有问题。

一般来说，同学们现在学习的内容应该在课堂上听完课以后，不需要复习。因为太简单了，内容太少了。如果你听了半天什么都没有记住，回家再用别的时间去记忆，你哪儿来高效率的学习？你哪儿来课外知识的阅读时间？哪儿来玩耍的洒脱？

都没有。当你故作洒脱的时候，到了中考、高考前，你可能比谁都不洒脱。

真正的洒脱是要完成人生每个阶段对自己的考试。

所以，一定要找到专心状态的真正含义，就是思维的积极参与。

老师讲课时，或者你在观察一个事物时，你在积极地活动。比如说你观察一座建筑，要想把它记住，思维就要积极地活动：它有多少个房间？它的平面布局是什么？东西南北是否对称？它的建筑群呈什么状态？纵深有什么层次？左右有什么配置？

如果你给自己定下这样一个目标，我以后要把这个平面图画下来，你就发现，自己的大脑迅速活动起来。大脑一旦活动起来，你就有了杰出的观察力和记忆力。所以，一定要在专心的状态中使思维积极参与，这时候才能有真正的观察和记忆。

观察与记忆的综合性

讲到记忆，同学们一定知道，记忆是一种综合能力。有视觉方面的观察能力和记忆能力，有听觉方面的观察能力和记忆能力，有嗅觉、味觉方面的观察、感受、接受的能力和记忆的能力，还有我们运动的感觉，皮肤触摸的感觉，都有它独特的观察、感受和记忆的能力。

人的不同能力是有高低差异的。比如说，画家可能视觉观察和记忆能力非常强，音乐家可能听觉观察、记忆能力非常强。

一个品酒专家，一个厨师，可能在味觉、嗅觉方面的观察力和记忆力非常强。我们现在对酒的鉴别和评定主要不是靠仪器，全靠品酒专家的品味，他们能分辨几十种、几百种酒的细微差别。

盲人触摸的感受能力和记忆能力非常强，他们用手来读书。一个运动天才，一个体操运动员，他在运动方面的感受能力和记忆能力非常强，能够把各种训练的运动感觉记忆在自己的感觉系统之中。

从这个角度讲，当同学们训练记忆力时，要综合地训练，要在视觉、听觉、嗅觉、味觉、肤觉（也就是触摸）和运动感觉中综合训练自己的感觉，训练观察和记忆。

当我们在学习一门知识时，不仅是在调动我们的阅读视觉，读的时候，还有外听觉和内听觉的记忆。我们记忆一个单词，好像是在看，同时我们还在说，说不仅造成听觉的记忆，还造成口腔运动的动作记忆。我们甚至还可能对某些单词赋予形象的联想，因为某些单词可能联系着形象图画，还联系着嗅觉、味觉的体验。讲到香，讲到臭，讲到辛，讲到辣，讲到酸，那么，这些单词的记忆本身和你这方面的感受能力、记忆能力相联系。

好的演员都知道，记台词不加上表情和动作，一味枯燥地背，记忆效果要差得多。当他不做动作时，台词就忘了。随着动作出来，他的台词才出现。这就是他在记忆台词的时候，运用了动作的记忆力。

有些同学在朗读外语课文时，可能绘声绘色表演一番，这同样是加强记忆力的方法。

你们一定知道，一支歌曲你会唱，现在我让你不带曲谱，只背歌词，很多同学背不出来。一下子就不像唱歌那么流畅了，得想一想，有时候想半天也不一定想得起来。再唱一下，才能把歌词想起来。

就因为你在记忆歌词时，是和它的旋律结合在一起的，它运用了多方面的刺激。就像演员一样，离开了形体动作，台词就记不住了。

这说明综合的记忆因素进入记忆，才能形成高效率的记忆。

另外，记忆还有逻辑记忆和形象记忆之别。记数学公式，是逻辑记忆，数学家记得特别好。可是，记忆一幅图画、一段曲子，是形象记忆，画家、音乐家记得特别好。

你让数学家去记一个画面，他可能感到很困难。你让画家去记一个数学家描述的详细逻辑公式，他也很困难。那么，我们应该同时向数学家和画家学习，培养逻辑思维能力和形象思维能力的综合。

记忆力还有理解记忆力和机械记忆力之分。你理解了一个物理公式，你通过理解把它记住了。但是，一个电话号码需要机械记忆，你便需要机械记忆力。这两种对应的记忆能力又需要综合训练。

重复法，深刻法，网络法，嵌入法

观察乃至记忆，特别是记忆，就本质上讲是建立事物之间的联系。

你记一个人，是把这个人的相貌和他的名字联系在一起。

你记一个单词，是把它的读音和它的书写形象以及它的含义联系在一起，如 China 是中国。

你记一颗行星，它多大的直径，运动的轨迹是什么，年龄是什么，你是将这颗行星和这些数据联系在一起。

记忆就是加强联系。

加强联系一般有这样几种方法：

第一种方法，叫"重复法"。

比如一个同学叫张杨，一次我没记住，说明这一次联系不够。再来一次联系，哦，这样一个相貌的同学叫张杨，这是两次。两次没记住，三次。终于记住了——一个短头发、个子高高的女孩子的形象和这样一个名字的联系就在大脑中建立了。这是最普通的方法。

第二种方法，叫"深刻法"。

我如何一次记住呢？就是这一次的联系必须是特别深刻的。

大脑的记忆好比在泥土上画印。你画了一道，画得非常浅，风吹雨打，一会儿就淹没了。你画得非常深，这个联系可能就存留的时间长久，记忆就是要建立比较深刻的联系。

这个同学名叫张杨，我可能看她一眼，噢，记住了。我当时的大脑活动效率高，给自己建立的印象非常明确，注意力集中，这一道刻痕就留下了记忆。

所以，对于想记忆的东西，要调动自己的兴奋状态、专注状态，建立深刻的联系。

第三种方法，叫"网络法"。这是一种更完整、更重要的方法。

同学们知道，有些事情是不容易记忆的，就好像有些事物、有些信息是不太容易捕捉的。这时候，我们要想办法把这个事情、这个要记忆的现象通过多道联系编织在我们的网络之中，这样才能确立记忆的联系。

就好像有一个人才非常宝贵，大家都在争夺他，我也很需要他。怎么办呢？我就有可能用多种方式来捕捉他：我首先给他安排一个最合适的工作，让他发挥自己的专长，这是一个手段；我给他最优厚的报酬，这又是一个手段；我安排他的家属能够安居乐业，这又是一个手段；我解决他的子女上学问题，这又是一个手段。一条线、两条线、三条线、四条线，结果就把他网住了。

记忆一个事物时建立多种联系，就可能记得比较清楚一些。

同样是叫作张杨的这个同学，那么我有可能想，噢，她的学号是五号，五号叫张杨；我又想，她坐在我的斜对面，这又给了我一种联系的方式；这个同学很大方，很大方就是很"张杨"，这又是找了一个联系；但是我不能写错别字，张杨的"杨"不是飞扬的"扬"，而是杨树的"杨"，我又建立一道联系。几道联系都建立以后，我发现我对她的记忆就非常清楚了。

比如说有的同学研究行星、恒星及其他各种各样的星，要建立对它的记忆，那么，我们可以确立这个星和其他星系之间的空间关系，可以确立这个星在亮度上和其他星的对比，可以考察这个星和地球之间的距离，研究这个星座有什么故事。总之，通过很多联系，使它在记忆中被确定下来。

第四种方法，如果用一个更形象、更有力的说法，就是"嵌入法"。

我们的大脑就像一个建筑一样，像一个结构非常庞杂的大殿。我们的宇宙知识结构也像一个大殿一样。天下各种各样的事物也像一个建筑一样。什么叫记忆？就是把一个你过去没有记忆的东西放到已经记忆的知识结构里。

因为你大脑里已经有一些东西了，新的东西进来以后，要把它嵌进去，嵌入一个结构之中，嵌入一个建筑之中。

比如，你有很多中国地理知识，太原在山西，武汉在湖北，上海在华东，北京在华北，这些知识是你知道的。但是有一个城市你不清楚，当你记忆的时候，不是要给它一个空间位置吗？要把它嵌入这样一个空间结构之中。

比如讲到石家庄，它在太原的东边，北京的南边，郑州的北面，当你把它嵌入这样一个已有知识的结构之中，你就把它很好地记忆了。

如果你要当导演，要成立一个摄制组，那么摄制组可能有导演、副导演、场记、服装师、化妆师，很多很多。但是有一个岗位你可能不知道，还有灯光师。那么，在已知的这个结构中你再把灯光师嵌进去：他是服务于摄影的，他是配合摄影来布置灯光的。他在摄制组中主要是配合摄影的，而摄影主要是配合导演的。

当你把灯光师放到结构之中的时候，也就把灯光师记住了。可是对于一个外行人，当他找不到这种结构时，他就很难记住。

所以，记忆的又一种方法是嵌入建筑的方法。

以上我们讲了记忆过程中的专心，记忆过程中的注意力集中，记忆过程中大脑思维的积极态度。通俗一点说，就是大脑老在为自己的记忆素材找各种各样的说法。

六 微笑记忆法

加强观察能力和记忆能力的第五个方法，是要面带微笑，要乐观。

对自己要完成的观察任务和记忆任务持乐观的心态。这和兴趣相联系，又有别于兴趣。它特别表现在观察和记忆受挫的时候，对自己心态的把握。

人常常在受挫的时候，记忆方面的积极性、兴趣和自信心都受到影响，包括专心程度也受到影响。这时候，乐观微笑的状态是特别重要的。

这样，我们把观察和记忆能力的培养和提高又做了一番探讨，请同学们对这个讲述在自己脑子里完成一个加工和整理，要有思维的积极介入。回顾一下以上讲的内容，做一番总结，做一点消化。把这些内容有机地联系起来，嵌入自己的知识结构之中，细细地体会提高记忆能力的过程与方法。

阅读与训练

重温训练自己专心致志能力的十种方法。

阅读第六章"培养超常的观察力、记忆力"。掌握提高观察和记忆能力的五个重要方法。

学习日记：运用本章讲的方法背诵提高观察和记忆能力的五个重要方法，加强记忆力的六种方法，并写下自己运用这些方法的收获及体会。

第七章

打开创造性思维

创造性思维是人类全部思维价值的体现。

我们在社会中学习、研究、探索、努力、思索，最终是为了有所创造。

这个世界上每个人都能发现别人没有发现的东西，只是发现有大有小。人人都有创造，只是创造有大有小。关键要在发现、创造的过程中不断地提高自己创造的积极性、创造的兴趣和创造的自信。

一　最重要的一种思维

我们紧接着要探讨中小学生成功的第七法则，叫作打开创造性思维。

关于思维能力，我将以下格言送给同学们：

思维能力是在观察、记忆能力基础上成长起来的一种能力。

　　思维能力是比观察、记忆更高级的心理活动。

　　思维与观察、记忆密切相关。它不仅以观察、记忆为基础，而且参与整个观察与记忆。思维起着组织、支配和指导观察与记忆的职能。

　　在人类世界中，没有绝对脱离思维的观察与记忆。

　　我们要追求的是，思维对观察与记忆的更进一步的参与。

　　没有思维积极介入的观察与记忆，必定是失败的观察与记忆。

　　就观察而言，没有思维的积极介入，就可能什么都没有观察到。就记忆而言，没有思维的积极介入，我们会熟视无睹，熟听无闻。

　　思维能力又是听讲阅读能力、表达能力的基础。

　　讲到思维，同学们知道，有逻辑思维、形象思维，还有想象思维。

　　如果再给同学们一个新概念，那就是灵感思维。

　　逻辑思维是数学、物理、化学乃至生活中方方面面的逻辑推理。

　　形象思维是文学家、音乐家、画家、艺术家最常进行的一种思维方式，用各种各样形象的人物、事物来组织自己的思维。

　　想象思维，同学们也并不生疏，就是在现实素材的基础上，在真实存在的基础上，编织新的故事，构造新的世界。

　　灵感思维是什么？简单地说，是你在自己的学习中、思考中、观察和记忆中，在你整个的人生中，有时候会突然来一个灵感，一下子让你明白什么，让你解决什么问题，让你提高什么能力，让你找到什么方法。

它不是逻辑推理出来的，它不是有意识的组织形象或者无意识的组织形象演绎出来的，也不是从一般的想象中出来的，它是在逻辑思维、形象思维和想象思维的基础上忽然在某一瞬间出现的，叫作灵机一动，叫作灵光一现，也叫作灵感。

就好像某个作家突然来了一个灵感，出现了一个伟大构思。一个科学家为了解决一道难题，苦思冥想多日多年，突然在某个晚上，在睡眠中、睡觉前或者醒来后出现灵感，找到了解决问题的天才方案，发现了新的真理。

这些都属于灵感思维。

那么，在上述逻辑思维、形象思维、想象思维和灵感思维的基础上，我们会出现一种最重要的思维，现在一般叫它创造性思维。

关于创造性思维，我们要给同学们的格言是：

创造性思维是最高级的思维，也是最重要的思维。

创造性思维是各种思维的结晶。

创造性思维是人类全部思维价值的体现。

每个人在社会中学习、研究、探索、努力、思索，最终是为了有所创造。整个人类也是为了有所创造。

创造性思维即是在上述几种思维的基础上，发现了新的东西，这个新东西对于整个人类是有某种价值的。

一般的逻辑推理还不能创造。一般的形象思维也不能创造。一般的想象，想象一个故事，想象我坐在云朵里睡了一觉，想象我在湖边钓了一条大鱼，这也不能完成创造。

即使我们有了灵感，有些灵感也并不一定能够得到创造。比如说屋里很热，突然明白没有开窗，这也算灵感，但不能说是创造。或者说，这个空调机怎么不制冷了，琢磨半天弄不明白，突然发现遥控器开的是制热。于是，你就解决了一个问题。这也是灵感，但它不是创造。

创造是在这些思维的基础上完成的。创造非常有价值。

我们每个同学在这个年龄段都要提高自己的多种思维能力——逻辑思维的能力，形象思维的能力，想象思维的能力，灵感思维的能力，最终，是为了提高我们创造性思维的能力。

现在，我们要从提高创造性思维的能力入手，激动人心地谈谈这方面的奥秘。

我们把创造性思维的提高作为提高整个思维能力的重点与核心。

二　创造的积极性

培养创造性思维的第一要领，依然是创造性思维方面的积极性，要有创造的追求和目标。

一个成功的人，一个在人类历史上做出杰出贡献的天才人物，差不多都有如下表现及特点：

他们几乎每个人从很小的时候起就有创造的追求。

他们在稍微成熟一点的年龄段，就认为人生的根本就是创造，每一领域真正的生命力就是追求创造。

他们希望自己在一个领域甚至几个领域超越他人。他们渴望超越前人。他们甚至要求自己超越天才、伟人，超越各个领域的杰出者。

他们有创造奇迹的冲动。他们想创造新的定理，创造新的公式，创造新的法则，创造新的发现。他们想做出更多的发明，照亮这个世界。

一般来说，想创造的人才可能发挥自己的观察和记忆能力，高效率地阅读和学习，取得思维的成果。

那些真正成功的人，在创造方面总是不断给自己提出新目标和新任务。他们总是对已经完成的创造不满足。

通过一个阶段的训练，同学们现在已经开始有了创造的要求，有了创造的积极性，作为你们的朋友，我很愿意和你们交流。

记得我在初中二年级的时候，因为爱好数学，不论在课内学习和课外学习中都经常在想，我一定要发现一点新的数学公式、新的数学定理。我经常在数学难题中总结出一些规律，我觉得这不仅是一个题目的解法和答案，似乎包含着更一般的数学定理和公式。于是，我就非常起劲地探索。

后来发现，我在初中的数学范围内所探索的很多所谓新发现，在高中的数学课本中都遇到了，或者在大学的数学课本中遇到了。我知道自己的这些发现对于人类的数学发展是没有意义的，因为人类早就发现了。然而，我仍然很高兴，这说明我走过的创造道路和人类在数学领域内走过的道路是相同的。我重复了多少年前一些前辈数学家的发现。这很有意思。

随着年龄的增长，我的创造兴趣延伸到很多领域。我想做哲学的发现，心理学的发现，语言学、思维学、物理学、宇宙学、生命科学等方方面面的发现，我还想进行文学艺术的发现，发现新的人物、新的故事、新的表达方式、新的小说和艺术的样式。

同学们，确确实实有创造的要求和目标，才可能有创造的能力。

三 创造的兴趣

提高创造思维能力的第二个要领，是创造的兴趣。

希望每个同学都从今天开始，将创造作为生活的最大乐趣。

人类的本质是劳动。不仅所有的成年人在劳动，所有小孩的游戏也在模仿劳动。劳动的本质是创造。

创造是人类最大的游戏。

你们在随后的人生中将能体会到，人类最大的乐趣在于创造。

没有创造的生活，是乏味的生活，无聊的生活。

人的最高价值也体现在创造之中。

人的成功的最合适的含义和注释就是创造。

人的追求是创造。

人的能力是创造。

人的魅力是创造。

人的财富还是创造。

创造性的生活其乐无穷。

创造给我们带来的兴趣是无止境的。

同学们应该在现在的学习和生活中培养自己创造的兴趣，而且是浓厚的兴趣。发现一点这个，发现一点那个。在学习方法上有这种发现或那种发现。这些发现虽然不一定有推广的意义，但是对你来讲，却是对创造能力的培养。

我在中学时，总想在学习方法上有所创造。举一个生动的例子，那时候我想，如何提高记笔记的速度呢？那时候还没有电脑。记笔记如何又快又简洁又省时间？我总想发明一个新方法。

那么，除了各种记笔记的方式、结构，用什么样的纸、什么样的笔、什么样的顺序，在一般人所做的研究之外，我发现，影响我记笔记速度的一个很重要的原因，是写字的速度。

我不甘于普普通通地写汉字，觉得太慢。可是，社会上通行的那些速记符号，虽然写起来很快，却不便于自己阅读。这种速记一般都需要在记录之后迅速翻译成正式的汉字，等于还要劳动一次，对我是不适用的。

我就给自己发明了一套符号。我对着字典，研究了我的笔记中最常用的、出现频率最高的字词都是哪些，结果，我为自己创造了几百个速记符号，有些符号的创造让我想到人类最早形成文字的经历。

我那时候已经开始研究哲学，"矛盾"二字经常用，论笔画，这两个字加在一起有十几笔，写起来很慢。笔记是给自己看的，于是我创造了一个矛盾的符号，一个圆圈"○"斜插一道杠"／"，最后成了"∅"，圆圈代表盾，斜杠代表矛。这不是很形象吗？

又比如辩证法，这个词在我研究哲学的时候经常用，我就根据汉语拼音取了第一个字母 B，在我的笔记中，B 代表辩证法三个字，一笔就下来了。

又比如我经常用一个词，叫"突破"，又是很多笔画，我给它编定的符号是一个倒写的"V"插一横杠"—"，就成了"Ⱶ"。你看，一个冒尖的东西突破了一个水平面，这就叫突破。

我的符号体系的内容特别多，自己看着形象直观，写起来又清楚，它提高了我做笔记的速度。我创造这个东西时很上瘾，晚自习时画这个，画那个，同学们都不知道我在干什么。这种创造使我受益无穷。我当时能够做大量的笔记，学习大量的东西，与很多这样的小方法相关。

各种各样发明、创造的意识要贯穿我们的人生。只有从小有创造的要求、创造的兴趣、创造的自信，才能够在后来有一点实际的创造。

四 创造的自信

那么，从创造的积极性、责任心到创造的兴趣，自然过渡下来，我们就要讲到提高创造性思维能力的第三个要领——创造的自信。

同学们要有这样的创造能力，要有这种创造的自信。

相信自己能够创造。

相信自己能够做一个有价值的人。

相信自己能够出奇制胜。

相信自己能够与众不同。

相信自己能够与前人不同。

相信自己能够逐步提高，今天更比昨天强。

相信大脑潜力是无穷的。

相信自己有无数多的用途。

相信自己在很多领域可以有成功的创造。

相信自己能够发现别人没有发现的东西。

这个世界上每个人都能发现别人没有发现的东西，只是发现有大有小。人人都有创造，只是创造有大有小。关键要在发现、创造的过程中不断提高创造的积极性、创造的兴趣和创造的自信。

一个很成功的人，他的自信都有可能还不够彻底，有可能在某些事、某些环节上自信心暧昧，自信心疲软，自信心动摇，自信心缺乏天才的表现。就创造的自信心而言，永远没有顶峰，永远需要提高。

提高自信心，并不意味着变得狂妄。

提高自信心的真正含义是，一定要进入天才的创造，这才是目标。

天才的创造不是停留在狂妄的自吹自擂上，而是表现在创造的结果上。当我们讲提高创造的自信心时，是因为它确实能够使你的创造成效有更大的提高。

我们相信自己一定能有更天才的创造。在创造实践中，常常是有了更高的自信，才有更高的目标，才有更高的技术，才有更天才的方法。

有了自信，并不是坐等其成，是要付出更有成效、更杰出的努力，也是更有兴趣的努力。

我至今还时时在勉励自己：要更加敢想，相信自己还能够做过去不能做的事情。要敢想自己过去不敢想的事情，要敢做自己过去没有做过的事情。

同学们，创造的要求、积极性、兴趣和自信，是生命力的真正表现。

五 专心于创造

提高创造能力的第四个要领，就是专心，集中自己的注意力。

当同学们有了目标，有了兴趣，有了自信，创造的专注是自然而然的事情。当然，注意力集中的能力和专心的能力还需要进一步自觉地训练和提高。当你在进行创造、完成创造时，要有抗干扰的能力，能够排除分散自己精力的那些因素。

那么，当我们讲创造的时候，是死死的专心吗？是完全紧张的甚至带点死板的注意力的集中吗？不是。

比如，你想解决一个难题，你要思索，只是集中精力苦思冥想吗？你要写一篇作文、短篇小说、诗歌、小剧本甚至大作品，就是眼睛盯在一处、思想想在一处、形式上的注意力集中和专心吗？

都不是。

这里，我们就讲到专心的一种更高级的表现和奥秘。

最好的专心状态应该是这样：整个身心非常放松；在排除杂念的基础上，意念不是僵化的，而是似有似无地集中在一个点上，古人把它叫作"一念代万念"。

就比如我们现在专心做一件事情，或书法，或绘画，这个专心并不是很机械、很僵化地努着劲，它表现在什么地方呢？

它表现在外界的事情没有干扰他。他出神入化，他鬼使神差，他在那儿写字，有意识又没意识。他并不是一直在想：我要专心，我要专心，我要好好写，我要一笔一笔写。他在有意无意中已经进入了真正高级的注意力集中状态，这样的状态才能灵动活泼。

什么是灵动活泼的状态呢？就好像在研究某些科学问题、哲学问题和艺术问题时，遇到解决不了的难点，不是盯着这个难点死想，而要放松心态，甚至还面带微笑。

知道面前有这个问题，不是去用力地挖掘答案，而是等待答案自然出现。

这种灵动活泼的专心状态，同学们在未来的人生中会有越来越多的体验，它是创造得以奇迹般出现的前兆和准备。

六　微笑乐观地进行创造

创造性提高的第五个要领，是微笑乐观。

永远要面带微笑面对我们的学习和事业，在未来就是面对我们从事的具体工作。永远要处在创造的幸福态中。

虽然我们有时候会经历苦思、苦想、苦做的阶段，但是永远不要停留在苦思、苦想、苦做上，永远不以此为荣。

要拿得起，放得下，要无所谓挫折。

当我们讲提高创造力要持乐观的精神时，主要是说，在创造思维遇到挫折的时候，要拿得起放得下，该挺住就要挺住，该转移就要转移，该暂时放下来就要暂时放下来。

相信自己最终能够解决问题。

七 简短的回顾

关于提高创造性思维的能力，就与同学们探讨到这里，现在让我们共同回顾一下关于创造力的有关内容。

我们讲到了人有多种思维能力，创造性思维是思维能力的最高成果，是它的目标，是它的目的。我们还讲了培养创造性思维能力的五个要领。

这五个要领是：

第一个要领，是创造性思维方面的积极性，是要有创造的追求和目标。

第二个要领，是创造的兴趣。

从创造的积极性、责任心到创造的兴趣，自然过渡下来，就到提高创造性思维能力的第三个要领，创造的自信。

第四个要领，就是专心，就是集中自己的注意力。

第五个要领，就是乐观微笑。

希望同学们今后都能够成为有创造性的天才人物。

阅读与训练

重温（最好是背诵）提高观察和记忆能力的五个重要方法。

掌握培养创造性思维的五个要领。

学习日记：抄写两句你最喜欢的关于创造性思维的格言。回忆一下，你曾经创造性地解决了生活或学习中的什么困难？或者立刻尝试用创造性的方法解决你目前正面临的一个或大或小的困难，写下自己的收获及体会。

第八章

实现天才的阅读与表达

阅读能力是人的基本能力。我们常说生活是一本大书，社会是一本大书，那么，阅读书本是一种阅读能力，阅读生活是一种生活能力，阅读社会是一种社会能力。

表达是观察、记忆、思维、创造和阅读的运用。表达可以说是各种学习能力、智力能力的尖端反映。

牵一头巨大的牛，要牵牛鼻子，这是许多人都知道的经验之谈。我们要通过牵引表达能力，来牵引人的整个智力能力和学习能力的发展。

一 你能不能一天之内读完并记牢一本书

中小学生成功的第八法则是：实现天才的阅读与表达。

先谈阅读。天才的阅读和表达能力对同学们会有更加直接的作用。

同学们在学校里的学习方式主要是两种：一个是听讲，一个是阅读。

这两种方式其实又是一件事情：听讲是口头阅读，阅读是书面听讲。

阅读是在一本书中听作者对你讲课。阅读能力可以把听讲的能力概括其中。阅读的奥妙和听讲的奥妙是一样的。

所以，当我们讲阅读能力时，请同学们自觉意识到，这同样包含了听讲的能力。

从广义来讲，阅读能力是人的基本能力。我们常说生活是一本大书，社会是一本大书，那么，阅读书本是一种阅读能力，阅读生活是一种生活能力，阅读社会是一种社会能力。

如果我们真正理解阅读能力的重要性，就会相信，阅读能力中包含着人类全部能力的重要因素。

中小学生的学习包含了阅读书本、课本、讲义、课外书，阅读老师口头的讲课，还包括阅读社会活动、阅读社会生活。

关于阅读能力的提高，同学们沿着前面的思路都会想到，主要是五个要领：

要有提高阅读能力的积极目标、积极要求。

要有提高阅读能力的兴趣。

要有提高阅读能力的自信。

要有提高阅读能力的注意力的集中。

要微笑乐观，遇到挫折的时候百折不挠。

同学们一定要提高对阅读能力的要求和意识。你们能不能用速度又快、效果又好的方法读完一本书？你们能不能在一两天之内把一本需要一个学期才能学完的课本大概都掌握？

这并不是不可能的。

只要同学们有提高阅读能力的要求，又有兴趣琢磨阅读的方法和窍门，又有自信，相信自己是阅读的天才，能够专心研究这个问题，能够乐观地研究这个问题，就一定能使自己在这方面得到质的飞跃。

二　整理一个抽屉与了解国家的一个部

从现在开始，每个同学在向人生成功发展的时候，要完成的任务之一，是培养天才的阅读能力。

培养的方法，同样是从上面所说的五个要领、五种积极性入手。

当我们有了积极的目标，积极的兴趣，积极的自信，积极的专心和注意力集中，积极的乐观态度，具体到阅读中，全部天才落实为一句话，就是思维的主动介入。

而当我们的思维主动介入了阅读之后，我们要形成的状态是什么呢？

以下的这句话特别关键，你只有处在这种状态中才是真正的阅读：不是跟着书走，不是跟着老师讲的话走，而是不断地对书中的一句又一句话、老师课堂上讲的一句又一句话进行你的加工。

希望同学们永远记住这句话。

我们知道，除了文学欣赏的阅读之外，所有学习性的、研究性的阅读都要达到一个目的，就是对阅读内容的理解和记忆，并且在此基础上能够发挥和创造。

只有思维主动介入的阅读，才能达到理解和记忆的结果，才能进一步达到发挥和创造的结果。

如果你不是主动介入，而是被动地跟着书本走，跟着老师讲的话走，就不可能有真正的阅读效率。

明白了这一点，同学们将受益无穷，解决好自己一生的学习效率问题。

举一个例子，以启发同学们更好地领会。

一个图书室，一架又一架的书柜上排满了书籍，现在要求你把这些书的书名都记下来。这时，你开始在这些书柜中一遍又一遍看过去，你看了很多遍，想把这成千上万的书名记住，是不可能的。

每一本书的书脊上都有书名，几百本书、几千本书、上万本书，是几百个书名、几千个书名、上万个书名。你一一看过以后，就像读了一本大书。但是你发现，不管你读了多少遍，还是记不住。

为什么？

因为你只是在浏览，你在跟着书名走，除了记住几本给你印象特别深刻的、给你刺激强烈的书名之外，大多数是记不住的。

现在教给你一个方法，你把书架上的书一本本重新整理一遍，按照你对分类的理解排列一遍，在这个过程中，你就可能把绝大多数书的名字都记住了。

再举一个例子，一个抽屉里放满了杂物，现在让你记住抽屉里所有的杂物：钥匙、卡片、名片、清凉油、刀片、水晶球、书、废纸，各种各样的小玩意儿。这个抽屉里的小东西可能有数百件，一拉开里面满满当当。你来回翻看，想把它们一一记住。你翻了很多遍，还是记不住。

但是，一个很简单的方法：你把这个抽屉里的东西都倒出来，按照你的想法分分类，整理一遍，再放进去，就有可能把它们都记住了。再找东西也就好找了。

这两个例子给了我们特别深刻的启示。

现在很多同学学习和阅读，有点浏览性质，大多数属于那种拉开抽屉一遍又一遍看，要全记住还是很困难的。怎么办呢？思维真正积极介入的阅读是对书籍的整理。

我对自己的阅读不叫读书，我常常说：这一堆书我"处理"完了。

说处理，也就是整理的意思。一本书打开，不是从第一页、第一行开始逐字逐句往下看，而是从一开始就在整理它。

常常先看目录，把目录上的篇、章、节看一下，多少章，多少节，大概结构是什么。前言、后记看一下，找到作者的主要思路。在每一章、每一节中，又做出自己的概括。对这本书做出自己的重新编排、分类、加工、归纳和总结。

什么叫将书重新整理一下？要找到这种感觉。你能不能做到在一天之内起码把一两本比较厚的书读完，同时又能够掌握其主要内容？这种能力是要训练的。

你打开一本历史教科书，一行一行就像读小说一样去读、去复习，你就是读上十遍二十遍，也很难对全书或者某一章有特别深刻的记忆。

我曾经对一些学文科的高三学生做过辅导，一本书在我们手里放上半小时到一小时，一下子就使这些同学对全书有了全新的认识。

就好像我们到了一个训练班，连老师带学生将近一百人，现在我需要掌握这个训练班的整个情况。

最笨的办法是什么呢？

就是一个人一个人来。先了解一个，再了解一个。时间不够，结果一百个人中了解了二三十个，后边的事情全不知道。过一段时间，前边的情况也都忘了。这叫什么呢？叫不得要领。

那么，应该怎样做呢？我要"阅读"这个培训班。这个培训班的情况是一本书，我要按照自己的方法去整理它。

我不会按照学号一个一个去了解，也不会一个名字一个名字来辨认。我首先要看这个班的全貌，这个培训班叫什么名字，这个培训班的宗旨是什么，培训班的主讲老师是谁，有几个辅导老师配合。

然后，几十个同学分成几个组，每个组的正副组长是谁，每个组在这个教室里处在什么空间位置，每个组在一开始我能够了解到的比较典型的人物是哪些。

就这样，我在整理它的过程中，对班里的情况在脑中就有了一个全貌。

不能说一个名单摆在这里，我就按照名单一号一号来，看一遍，再看一遍。一个人一个人地辨认，那是很难抓住全貌的。

只有整理，才能使我在很短的时间内，就把情况掌握了。

又好像你到了国家的一个部，这个部可能有上万人，你想了解它的情况。你请人事部门把所有的名单拿过来，然后，一个名单一个名单去了解。一万个人，可能你了解好几年也了解不完。于是你说，我无法了解这个部里的情况。

这种了解情况的方法，同学们一定认为很愚蠢，但如果比喻成读书，这就是一般的那种不整理书、不处理书的阅读方法。

那么，正确的了解方法是什么呢？

首先，我要知道它叫什么部，它是干什么的，这个部是什么组织结构，部底下有几个局、几个司，几个局、几个司下边都有些什么处，处底下还有哪些科室。先把这个大的结构搞清楚。

接着要了解部长和副部长这个班底，然后了解下边几个局和司领导的情况，然后再了解重点的处、科室负责人的情况。这样，我从一开始就得到了这个部的全貌，因为一个部的情况完全可能比一本最厚的书的内容还要多。

同学们一定要这样去对待你阅读的书籍，要整理它，要按照你对这本书的理解去编排它，这样才能够搞得很清楚。

我们读书、复习功课，要善于画出它的结构，画出它的重点，从大到小来掌握它。这是阅读的基本技巧。

希望从今天开始，除了那些浏览、欣赏的文学阅读之外，凡是学习、研究性质的阅读，同学们都要学会在这种整理中进行。

三　向阅读能力的提高要自己的全部天才

对于图书，整理一遍，胜过普通地看十遍、百遍、千遍。

这样的阅读，才是理解、记忆的阅读。这样的阅读，才可能创造。

理解与记忆是思维积极介入阅读的普及性结果。

而创造，是思维积极介入阅读的提高性结果。

一本书，完全可以用很快的速度将它看完，并且学会和掌握。

要迅速建立高效率的阅读能力，这种能力的建立能够使你们从今天开始受益，也能使你们终身受益。

坦率讲，我现在每天都在用这种方式阅读。如果没有什么特殊情况，我差不多每天都要阅读一至几本厚薄不一的各学科著作，我把一类书放在自己身边、案头或者沙发旁，然后用高速的方法处理它。

同学们要有决心掌握这种能力。如果说这种能力是不可能做到的，给你们讲，你们会觉得是天方夜谭。实际上是可能做到的。

对一门知识如何迅速掌握，不是靠不睡觉，更不是不吃饭，你不吃不睡也就是一天二十四小时。靠什么呢？要靠方法。

一定要学会处理书籍的能力。要按照你的理解，将一本书做一个编排。

同学们要向阅读能力的提高要自己的成绩，要自己的天才，要自己的创造，要自己未来的成功，要现在及未来那种洒脱自如的生活，游刃有余的工作。希望同学们对这一点要心领神会。

同学们一定会很羡慕或者向往某些人在事业上的成功，也很喜欢成功者在生活中同时还有的潇洒和游刃有余。那么，一个非常实际的问题，就是要掌握高效的阅读能力。

这种能力在今天可以使你学好功课，在明天可以使你在学问、事业上成功，同时获得潇洒和从容。

同学们在阅读能力上一定要进行这样的训练。在这方面要琢磨，要发挥自己的创造性思维。

每个人都应该记住，要俯瞰一本书，而不要仰视一本书。正是这种俯瞰态，才使得你真正具有对书籍进行处理的角度和眼光。

你们甚至在一瞬间还应该找到一点感觉，不要以为是开玩笑，就是你比这本书还高明一点。你要把这本书按照你的理解进行一番整理。

　　就好像一本天文书里面一章又一章新奇的内容。你拿到以后，先要把它的结构搞清楚：它的理论体系是什么，每章的重点是什么，每节的重点是什么，每个重点的具体内容是什么。

　　就像考察一个部一样，部、局、处、科都搞清楚了，你会对这个结构做出你的评价——这个结构合理还是不合理，是否还可以做点调整？这样，就会对这本书中真正有用的东西有所掌握，还可以做出自己的发挥和创造。

四　表达能力是一个人能力的一半

　　和阅读能力相联系的，还有一个重要的能力，叫作表达。表达分口头表达和书面表达两种。

　　这是非常重要的能力，但是常常被现在的应试教育所忽视。

　　同学们一定会同意这个说法，在你们的学校生活中，大概从未把表达能力（特别是口头表达能力）放在与学习成绩一样高的地位上。没有一个学校这样做。这其实是误区。

　　人类所谓的文化知识和社会活动，都是在交流中进行的。

　　语言之所以出现，文字之所以出现，是交流的需要。原始人在集体劳动中，需要互相吆喝，呼喊，聚众狩猎，聚众采掘，包括发出危险信号，集体逃跑。在生存及交流的基础上，才产生语言文字。

而交流不过是两个方面，一个是信息的输入，一个是信息的输出。表达就是信息的输出。

从这个意义上讲，表达能力是一个人能力的一半，是人类能力的一半。

表达是观察、记忆、思维、创造和阅读的运用。

有了观察、记忆、思维、创造和阅读的成果积累，就要将它们用于表达。

换句话说，表达是观察、记忆、思维、创造和阅读的消费，是它们的市场。

如果一个人的观察、记忆、思维、创造和阅读不用来表达，没有表达的需要，没有表达的运用，没有表达的"消费"，那么，观察、记忆、思维、创造和阅读这些"生产"就失去了大半意义。

当我们讲创造的时候，是要在表达中完成。

我们读了一本书，学了一点知识，记忆了一点东西，当用于表达时，就运用了它，消费了它，它就能促进我们的生产。

同学们都会有这样的体验，有的时候要想得清楚才能够表达得清楚，而有的时候表达得清楚也能使思维更清楚。

一件事情在叙述的过程中，说着说着就更清楚了；一个想法在表达的过程中，就更成型了。

所以，表达常常是发展思维、调动思维、完成思维、使思维成果化的重要途径，表达是诸种学习能力最终的运用。

没有表达，就像只有生产，没有销售和消费，一切智能活动都可能失去意义。

表达能力是观察、记忆、思维、创造、阅读等诸种能力的外显，是它们的综合表现。

表达以外的其他能力都是内含的，唯有表达能力是外显的。

你说你记忆力好，是你自己的事情，你想表现它们，就要通过表达。你说你观察能力好，也是你自己的事情，只有表达可以使它在外部显现出来。你说你思维能力强，创造能力强，知识丰富，但这是你自己的事情，只有表达才使这些能力显露出来。

所以，表达能力十分重要。表达能力是一个人能力的一半。

五　表达能力是牛鼻子

表达能力不是孤立的。培养表达能力，会刺激和引发我们整个能力的培养和发展。

比如，你的阅读、你的观察、你的记忆、你的思维包括你的创造性思维都有了某种积累，你无论是写文章表达，还是口头表达，这种表达的实现在外界引起的理解和反应，就会整个地带动你其他能力的发展。

一个老师应该十分重视培养同学们的表达能力。因为表达能力能够真正体现、实现一个人在观察、记忆、思维、创造、阅读时那种劳动的幸福感。

同学们自己写了文章，不一定有幸福感。但是当你们念了，表达了，书面表达和口头表达了，得到这个世界的回应了，你们就有了幸福感和兴奋感。

表达可以说是各种学习能力、智力能力的一个尖端的反映。

牵一头巨大的牛，要牵牛鼻子，这是许多人都知道的经验之谈。我们要通过牵引表达能力，来牵引人的整个智力能力和学习能力的发展。

这是一个好老师要做的事情，也是一个好学生要对自己实施的训练。

所以，我常常把表达能力当作训练一个人完整的智力和能力的首要项目。就好像我们的训练班始终在训练同学们的表达能力，刺激大家在这方面的追求。

六 最易受外界影响的能力

表达能力还有一个特点，同学们一定要意识到：它是最容易受外界影响的一个能力，是最易于得到欣赏同时也是最易于受到挫伤的一个能力。

你观察能力好不好，记忆能力好不好，思维能力好不好，阅读能力好不好，因为它不外显，它不像表达能力这样容易受到外界的评价。

表达能力随时面对环境，随时在环境的评价之中，所以它每时每刻不是受到欣赏，就是受到歧视，因为你不是得到鼓励，就是受到挫伤。

同学们仔细体会一下，都应该有感觉：你们在每一次表达中如果比较成功，有进步，你们就有一点成就感；你们表达得不好，表达得失败，你们就有挫折感。

你们得到老师的欣赏，同学的欣赏，你们就有了一种兴奋。如果没有得到欣赏，甚至还受到批评，就会沮丧。

所以，这两句格言送给同学们：

挫伤一个人的表达，就挫伤了一个人的整个状态。

成就一个人的表达，就成就了一个人的整个状态。

七　一箭双雕

提高表达能力依然是五大法则：积极、兴趣、自信、专心、乐观。表达能力与这五种基本素质、五种基本积极性有着特别密切的联系，特别是与自信这一条有着紧密的联系。

同学们会说，观察、记忆、思维、阅读和这五种基本素质也都有联系。但是，就联系之密切而言，表达大概是与这五种基本素质联系最密切的，尤其是和自信联系密切。

同学们在这个世界上表达，随时都有一个自信心处在什么状态的问题。自信心强，马上会影响你表达的状态。自信心弱，马上也会影响你表达的状态。

一般来说，观察、记忆、思维和阅读，这个自信心相对来讲比较稳定，一个人就是一个水平，一个时期内差不多就是这样观察、记忆、思维和阅读的。

表达不是。

也可能你刚才的表达状态还特别好，一会儿就不好了。刚才那个环境使你感觉亲切，你就表达得好。现在这个环境使你感觉紧张，你马上就表达不好了。

表达能力特别敏感，它和自信心之间的联系，简直是瞬息万变的。

我们讲积极、兴趣、自信、专心、乐观，是一种非智力的素质；我们讲观察、记忆、思维，是一种智力的能力；而表达和这两方面——智力和非智力——都联系非常密切。表达既有一个会不会表达的问题，还有一个敢不敢表达的问题。

我们不会说，记忆还有一个敢不敢记忆的问题，一般不存在这个问题。但是表达就不仅有个会不会表达的问题，还有个敢不敢表达的问题。

这是表达能力的极为特别的地方，是表达能力的双重特性。它具有智力素质和非智力素质两种特性。

观察、记忆、思维是人的智力素质，而表达既是人的智力素质、智力能力，同时因为它面对人际关系，面对社会，又有非智力素质的性质。

当我们讲表达时，它既培养了人的智力素质，又培养了人的非智力素质。

表达能力的培养就是这样一箭双雕的：培养你的表达，既让你聪明，还让你大胆；既让你大脑好用，还让你心理坚强。我对同学们从表达入手进行训练，就是为了达到一箭双雕的目的。

从表达入手，既是培养一个人记忆、观察、思维这些智力能力的突破口，又是培养一个人坚强、勇敢、大方、自信、乐观、积极这些非智力心理素质的突破口。

正是表达的过程激发同学们智力素质的发展，同时激发同学们非智力素质的发展。一句话，天才少年的培训，直截了当的入手，是表达能力的培养。

按照这种特殊的方式训练学生，在几天之内使同学们进入兴奋状态，学习成绩和方方面面的表现日新月异。表达是训练一切能力的突破口。

希望同学们对自己实施这个突破：敢于表达，善于表达，在表达中提高自己的智力素质和非智力素质。

因为你讲得好，讲得清楚，你的思想更加发展。因为你讲得好，得到欣赏，所以你的智力素质、学习能力更加发展。

一个学生，在班里问题回答得好，老师表扬，他自己感觉好，他回家以后就更有干劲。很多小学生、中学生，学习的直接刺激和动力，就在于课堂中好的表现得到老师的欣赏。

如果你的表达失败，也可能使得你在这方面受到挫伤。

至于你的非智力心理素质，你的自信心，你的大胆，你的勇敢，你的洒脱，你的乐观，你的微笑，你的专心，你的兴趣，更容易在表达中得到建立。

所以，每个同学要争取尽可能多的、尽可能水平高的表达的机会。在人生中，完全有可能因为你在某一天、某一时没有优秀的表达能力而失去机会。

如果你不重视表达能力的培育，你就可能失去许多人生的机会。

所以，从今天开始，同学们要从一般的应试教育的迷雾中挣脱出来，从表达入手，提高自己全面的能力——智力的和非智力的，使自己成为强者，成为聪明的小学生、中学生。这样，你不仅应付了课内的课程，在应试中得到好成绩，同时也会广泛扩展自己的知识结构，发展自己的兴趣，培养自己的坚强性格，使自己成为一个成功的人。

阅读与训练

重温培养创造性思维的五个要领。掌握思维积极介入的阅读方法。

　　学习日记：对这一章的内容按照本章讲述的阅读方法做出自己的总结和概括，然后向一位好朋友或者家长大声而清楚地传授你学到的方法，直到对方听懂为止。

第九章

完善社会行为能力

　　人人都有自己的事情，人人都有自己的眼光，人人都有自己的利益，人人都有自己的喜怒哀乐。不想理解别人，却奢望别人理解你，这种心态是不成熟的。

　　这个世界上并非只有你一个小孩，并非所有的人都是呵护你的家长，你也不应带着这样的不满、带着这样的暴跳如雷去要求别人的理解。只有理解了他人，才能得到他人的理解。

一　处理人际关系的大智大勇

　　中小学生成功的第九法则，是完善社会行为能力。

　　社会行为能力是一种非常重要的能力，它是我们在社会活动中一种完整的能力。它常常表现为处理与周边人物关系的能力。

　　对于中小学生而言，它表现为处理与同学、与老师、与家庭其他成员以及与社会上各种人际关系的能力，还包括通常所说的宣传、组织多种社会活动的能力。

什么叫人的社会行为能力强呢？在处理人际关系中的表现应该怎样呢？主要表现在如下两个方面：

第一，不卑不亢，大方自然；

第二，具有处理人际关系的聪明。

如果借用中国的一个成语"大智大勇"，那么，不卑不亢、大方自然就是一种"大勇"，处理人际关系的聪明就是"大智"。

也就是说，当你处理人际关系时，你不怯懦，你有大勇，在心理素质方面表现得不卑不亢，在任何场合、面对任何人物，哪怕是一些看来容易对自己形成压力的人物都坦然自若，这是特别重要的心理素质。

同时，这种表现又不同于婴儿的无所顾忌。我们是成熟的人，在不卑不亢、大方自然的同时，并不是漫无目的的、没有方法的、不讲究时间地点场合的傻勇敢、傻大胆，而是有着处理人际关系的头脑和智慧做背景的，对人与人的关系有一定的经验、一定的判断、一定的知识、一定的头脑。

这种处理人际关系的大勇大智，构成了我们通常所说的同学们的社会行为能力。

有了这种能力，你在今天才可能处理好自己校内校外、家内家外的人际关系，在明天走上社会时，才可能更好地处理将来所要面对的更加复杂多样的人际关系。

同学们在人际关系上的这种能力或者表现，不仅影响你今天的社会行为，影响你和周边人的关系，还将对你的整个人生状态有很大的影响。

同学们都会有一种体验，当你和同学、老师、父母或者和社会上的一些人关系处理不好，为此苦恼、沮丧、激动、气愤和不安时，你的整个生活状态、学习状态都受到挫折和打击。

反之，你能够处理好这些人际关系，在老师、同学、家长和社会上得到自己满意的周边反应，你有幸福感、成功感、愉快感、和谐感，这种感觉常常还会转化为你学习、生活的兴趣和动力。

因此，培养社会行为能力是一举两得的事情。它既解决了你在社会、学校、家庭中的个人处境问题，同时还带给你良好的学习和生活的心态。

二　自信心最重要

那么，社会行为能力如何培养？

或者说，如果我们想具有良好的社会行为能力，主要依靠什么？主要应解决哪几个问题？

首先，自信心最重要。

当我们面对一个活生生的社会现象时，无论是学校、家庭，还是学校、家庭之外的广大社会，当我们面对一个又一个活生生的人时，使自己做到不卑不亢、聪明得当地处理人际关系，首先需要的一个心理素质就是自信心。

所有在社会行为能力方面有障碍、有薄弱之处、有缺陷的人，差不多在自信心方面都有欠缺。

所以，要使自己具有很好的社会行为能力，就要从培养自信心开始。克服自己在这方面的弱点，是获得社会行为能力的基础。对于已经有一定自信的同学，应该进一步提高自信。

这种自信是完整的自信。它包含着如下方面：

相信自己是聪明的；

相信自己有着完整的心理素质；

相信自己在这个社会中会有创造性；

相信自己有自己的特点，相信自己有自己的魅力；

相信社会需要自己，相信自己具有给予别人和给予社会的力量；

相信自己有与众不同之处，有出色之处；

相信自己是一个有价值的人；

相信自己是最终会被社会和朋友理解的人。

即使你现在还没有充分表现出自己完整的价值，但是相信终有一天会做到这一步。而在此刻，就要为这一步做各种累积性的努力。

同学们，当你们看到很多成功的政治家、外交家在社会的大舞台上表现他们的社会行为能力、风度和风采时，他们都有一个共同的心理基础，他们是自信的人。

任何自信的残缺都会在社会行为中表现出来。如果你们注意的话，即使是一些首脑人物，他们的某些言谈举止也经不住我们在电视机前的审视和推敲。他们也会有某些细节是局促的，也有某些言谈举止是不够坦荡、自然和从容的。原因就在于，即使是这个大人物也可能在这个场合、在这一时刻有自信心的不足之处。在某些场合，他感受到了压力，他的表现就打了折扣。

有了这种眼光，就可以在一切社会行为的表演中看到人的自信心状态。从此出发，我们也知道如何培养自己的社会行为能力。

所以，希望同学们从今天开始要特别重视从自信心的培养出发，来提高自己的社会行为能力。

三　善解人意

己所不欲，勿施于人

培养社会行为能力的第二个重要方面，是提高对人的理解力。

对人的理解力特别重要。

自信从来不是盲目的自信。你说你气吞山河，气壮如牛，胆大包天，到什么场合都不畏惧，嗓门很洪亮，举止很大方，但是你在每个场合都处理不当，对人态度不妥当，伤害了对方的自尊心，或者破坏了双边关系，结果你的所有社会行为均以失败告终。

屡次失败，你的自信心也会崩溃。

真正的自信心是包含着智慧在内的，它是在一次又一次成功的社会行为中逐步培养和强化、提高的。

因此，要很好地处理与他人的双边关系，很好地交际和联络，很好地完成社会行为，无疑要内含一种智慧——对人的理解。

有了对人的理解，再加上对自己的理解，才能够对彼此的关系有所理解。

同学们要善于观察自己和周边的同学，也要善于观察生活中遇到的老师、家长或者长辈，要研究一下，为什么有些人让你感到亲切，让周边的人感到亲切，并且为大家也包括你所接受？

他们往往有一个共同的特点，就是善于理解你，善于理解他人。

古人讲"己所不欲，勿施于人"。如果一个人不善于理解别人，经常是"己所不欲，遍施于人"，虽然这个人表现得好像很自信，但是，他屡次破坏人际关系和周边环境，没有成功的社会行为，自信心也会逐渐坍塌。

同学们可以审视一下自己，当我们和整个社会相处时，比如在学校和同学、老师相处时，你善于不善于理解他人？知道不知道其他人的心理活动？知道不知道他们心中的喜悦和忧愁？知道不知道他们的向往？知道不知道他们最愿意被人理解的是什么，最愿意被人欣赏的是什么？知道不知道他们最渴望的是什么？知道不知道他们最担心、最烦恼和最回避的是什么？知道不知道他对你的态度？知道不知道他对你内心的判断？

并不是所有的同学都具备这个智慧。

在生活中，我们常常看到一个成年人，甚至一个老年人，都可能没有这种智慧。这种不理解他人的现象相当普遍地存在着。

如果你想做有社会行为能力的人，如果你想做使自己也使他人幸福的人，如果你想做在当代社会中成功的人，善于理解自己和理解他人是非常重要的。

天才的社会活动家必须具备这一素质。如果你特别想做一个社会活动家，想做一个政治家、外交家，想做一个企业家，想做一个老师，想做一个好的医生，想做一个在社会中交际广泛的有影响的人，你必须从现在开始学会提高自己的这一素质。

即使你以后想做关起门来研究学问的人，也需要提高这一素质。因为在学问之外，你有生活，有家庭，有朋友，有上街购物，有郊外游玩，有处理学术活动中人际关系的需求。如果你在这些活动中是失败者，反过来也将挫伤你的事业。

这个世界上并非只有你一个小孩

根据我的观察，我们的同学中有些人具备理解自己、理解他人的素质，但还有很多人不具备这个能力。

在这个世界上，一个人不能只看到自己内心的喜悦，不能只看到自己内心的痛苦，不能只看到自己的要求，不能只看到自己的兴趣，不能只看到自己的尊严，也不能只看到自己各种各样的愧疚和羞辱。

人必须善于看到他人内心的相似之处。我们这一代独生子女在这一点上普遍有着严重的缺陷。

当我提醒同学们培养理解自己、理解他人的能力时，一点也不是苛求，一点也不是教条的说辞，确确实实是为了你们明天的幸福。

一个善于理解自己并善于理解他人的人，才能真正成为被大家所接受和理解的人，才能真正成为一个被大家所欢迎和喜爱的人，才能实现人生的幸福和成功。

对人的理解是一种特别有用的能力。作为文学家、艺术家，它会表现为你对世界的理解和创造。作为老师，它也会成为你指导学生的心理素质。作为企业家、社会活动家、政治家，它会成为你直接的组织能力。

无论做什么工作，你如果要真正成为一个成功的、幸福的、健康的、被社会所理解所接受的人，首先要理解社会、理解别人。

你没有理解他人的能力，没有理解他人的素质，却想成为被人们广泛理解的人，这是痴心妄想。因为在这个世界上，人们不可能无缘无故地把注意力放在对你的理解上。

人人都有自己的事情，人人都有自己的眼光，人人都有自己的利益，人人都有自己的喜怒哀乐。你不想理解别人，却奢望别人理解你，这种心态是不成熟的。

我们在未来社会中，就社会行为能力而言，一定要和独生子女的心理状态实行断乳决裂。这个世界并非只有你一个小孩，并非所有的人都是呵护你的家长，你也不应带着这样的不满、带着这样的暴跳如雷去要求别人的理解。

你只有通过自己对别人的理解，来换取别人对你的理解。一报还一报，善有善报。理解了他人，才能得到他人的理解。

当你不能够理解他人时，他人也常常不可能理解你。

站在他人的角度看一看世界

经过这方面的训练，同学们在头脑中应该有一个飞跃，就是我怎么能够从今天开始去理解对方心中在想什么。

这里有一个最简单也是最成功的方法，就是"将心比心"，"由此观彼"。站在他人的角度看一看世界，看一看问题。只需要做一点这样的训练。

当你和一个同学发生冲突时，你可能满脑子对他的不满，满脑子都是你的道理，可是，如果你站在他的角度想一想，如果我是他，我会怎样想？我也是满脑子的道理，满脑子的不满。

一个家庭中，夫妻之间发生争吵，两人都怒气冲天，谁都觉得自己有理，可是站在对方的角度看一下问题，常常会发现相反的事实。

说句笑话，在军事上讲"知己知彼，百战百胜"，就是经常不但从我方的角度看我方，还要从敌方的角度看一看他所面临的态势，从敌方的眼里看看敌方，同时"由彼观己"地看一看自己。这个比喻或许能够启发我们对人际关系的理解。

当然，他人并不是敌人，但至少是我们人际关系的对方。当你不能理解对方时，记住，一切对方都可能成为你的敌人。当你能够理解对方时，一切对方都可能成为你的朋友。

你不理解对方，就可能伤害对方，就可能成为对方的敌人。你理解对方，就能够欣赏对方，帮助对方，沟通彼此的关系，你们就可能成为朋友。

所以，从"将心比心"开始，从站在对方的角度想一想问题开始，获得一个对他人的理解，对整个社会的理解。同学们稍微尝试一下，马上就有体会。

老师为什么会这样做？我不理解。那么，请你站在老师的角度想一下，他的情绪是什么，他的思路是什么。

对家长也可以这样。你对家长不满、不理解，那么你可以想一想，他的角度到底是什么呢？爸爸为什么要这样说话？妈妈为什么要这样对待我？站在他们的角度想一下，你就会特别明白。

明白之后，你就获得一点调试彼此关系的智慧。

四　充分运用讲话的权利

培养社会行为能力的第三个重要方面是表达能力。社会行为、交往和联络，差不多都要依靠表达来进行。

一个人有了自信，才可能有好的表达。反过来，一个人有了好的表达，才可能有更好的自信。

在社会行为中，我们很少见过这样的人，他非常自信，但是他说话却非常差劲，言语不清。一方面他说话结结巴巴，怯怯懦懦，语无伦次，同时还说自己很自信，这是很可笑的。

所以，提高社会行为能力，在相当大的意义上就是提高自己的表达能力。

这种表达能力既和自信心相关，又和对人的理解力相关，并且需要单独的训练。

我们前面曾经讲过，表达能力是学习智能的一个方面。在这里，表达能力又成为社会行为能力的一个重要方面。所以，为了你今后学问好、事业好，也为了你生活好、社会行为能力好，都要特别重视表达能力。

同学们要在生活中充分利用这个权利。每个人都有讲话的权利，但是许多人经常不用。要自觉地尝试，训练自己的表达能力。

无论是在一个平平常常的游玩中，在社会活动中，甚至像到市场买东西这样简单的事，都要有意识地锻炼表达能力。表达能力在很大程度上将决定你在未来社会中行为能力的高下。

五　得道多助

培养社会行为能力的第四个重要方面，就是要有完整的道德体系、道德感。

当我们把道德体系和道德感放在这里时，有些同学可能觉得突然。但是，只要你们稍微想一下就会发现，道德感、道德素质和道德要求常常和一个人的社会行为能力密切相关。它们是两件事，但作为一个人的整体社会行为结果，常常又构成一件事。

且不说那么远大和崇高的事情，且不说什么使人望而生畏的道理，仅仅从我们的社会行为，从每一个人具体的生存，从实现自己的人生价值这样的角度而言，一个没有充分掌握同时代社会道德要求的人，大概很难在社会行为中比较成功。

大至人类、国家和社会，中到普通的社会行为，小到平常的人与人之间的相处，每一个时期都有一定的道德规范体系。当我们不能够按照这个体系做事时，就难免碰壁。

有一句特别通俗的话，在生活中，人们可能会开玩笑地说，也可能会很严肃地说：这个人真不够意思，这个人真不够朋友。

这里包含着小小的做人的道德判断。这种真不够意思、真不够朋友也可能是在批评某个人在处理问题中损人利己，不符合人际关系的常规。

在这个社会中，很多常规是需要遵守的，红灯停，绿灯行，黄灯作为过渡，这个交通法则也是一个比喻。在人际关系与社会行为中，从大到小，对道德的规范和要求，应该有所了解，有所熟悉。

就好像一个人到不同的国度生活，要适应不同国度的道德规范一样，使自己的行为不突兀，不莽撞。

曾有记者看到这样一件事情：在水池旁的一汪积水边，一个残疾同学滑倒了，周围一些同学拍手大笑。请同学们想一下，这种拍手大笑引起的肯定是更多人的反感甚至厌恶。因为这些拍手大笑的同学无疑丧失了普通人应该具备的扶助弱者的基本道德。

记者接下来看到，这个残疾人最终被一个同学搀扶起来了，那么，人们对于那些拍手大笑的同学会形成一个什么样的印象？人们会想，这些同学怎么这样没有同情心？

同学们，当一个人的某些不符合道德要求的做法被周围人进行了否定的判断之后，他在这个社会中还有成功的行为空间吗？没有了。

如果一个人背后被很多人议论为不道德的人、不怎么样的人、坏人、不可信的人、不可交往的人、要有所防范的人、不可合作的人、不能交朋友的人，这个人还有什么社会活动的空间呢？

应当说，社会做出这种淘汰是必要的。只有把那些不遵守道德规范的人罚下场，社会才能获得健康的发展。

所以，希望同学们在今后的生活中，第一，不要被道德黄牌警告；第二，时刻勉励自己，永远不在社会这个大赛事中做被道德红牌罚下场的人。

从积极的意义上讲，一个人有了被同时代大多数人所接受、所赞赏的道德表现，不仅在社会行为中能够畅通无阻，还会获得超凡脱俗的成功。

这样，就体现了中国的一句古话，叫作"得道多助"。

阅读与训练

重温思维积极介入的阅读方法。掌握社会行为能力培养的四个重要方面。

学习日记：用你的语言陈述理解他人的重要性，或者抄写几句这方面的格言。通过学习，你对父母、老师或者同学增加了一点什么你过去没有的理解？

第十章

坚毅顽强

在人生的道路上前进时，你不仅要带上自己的口粮，还要带上防身武器。你有动力，有自己的追求和理想，这是你的口粮。你有坚强的承受力，有坚强的毅力，这是你的防身武器。

有了坚强的毅力，你才可能不被各种打击所击倒，你才不是手无寸铁，你才不是嫩豆腐，你才不是豆芽菜，你才可能在大千世界中足以经受各种磨炼，创造出成功潇洒的人生。

一　承受挫折的能力

中小学生成功的第十法则是，坚毅顽强，也就是要有坚强的毅力。

前面讲过，中小学生成功法则的前五个法则最重要，是基础，它们是积极法则、兴趣法则、自信法则、专心法则和微笑法则。当我们贯彻这五个基本法则时，可能遇到两种情况，一种是比较顺利，一种是比较困难。

在顺利的时候，坚持这五个基本法则是比较容易的。

在困难的时候，遇到挫折，遇到打击，遇到失败，遇到各种意想不到的障碍，遇到客观出现的新难题的时候，能不能继续保持积极性、兴趣、自信、专心和微笑乐观，就是一个大问题了。

所谓坚强的毅力，是指一个人对困难及挫折的承受能力，或者说是对困难与挫折的消化能力，也可以说是从各种各样的失败感、挫折感中站起来的能力。

天下的学习、工作无非是两大类情况：一为成功，二为挫折；一为顺利，二为困难。

成功和顺利的时候比较简单，挫折和困难的时候如何办？

必须看到，成功和顺利常常只是事情的一半，挫折和困难则是事情的另一半。当我们对挫折与困难的这一半不能够正确对待时，同学们要注意，我们不仅失去的是一半，而且有可能失去的是全部。

因为如果你在挫折的时候倒下了，就再也不可能有成功；你在困难的时候倒下了，就再也不可能有顺利。

我们的有些同学曾经有过这样或那样的成功，如果你觉得现在不像过去那样成功了，只不过是因为有了挫折。这个挫折可能是外界的一个困难，也可能是人际关系上的失败，也可能是情绪上、感情上的某种波动，也可能是家庭中的一点刺激，也可能是与老师、与同学关系的一点自己并不希望发生的变化。这些都可能造成挫折感。

然而，无论是什么样的挫折，有一点应该清楚，当我们讲毅力时，就是讲的如何承受挫折，如何战胜自己、战胜环境，重新站起来。

二 基本素质的骨骼

毅力就是在挫折和困难中的承受能力。那么，这种承受力的重要性是什么呢？

我们讲过积极法则、兴趣法则、自信法则、专心法则、微笑法则，这些基本法则、基本素质最终都可能面临困难和挫折的考验。

只有经受住困难的考验，这五个基本素质才能成为持久的心理素质。遇到挫折垮下来，这五种基本素质也就荡然无存。

所以，毅力是积极性的保障，是兴趣的保障，是自信心的保障，是我们专心学习的保障，是我们维持微笑乐观状态的保障。

一个人没有坚强的毅力，没有承受挫折、困难和打击的能力，上述五种基本心理素质都可能名存实亡。说得更彻底一点，真正的积极、真正的兴趣、真正的自信、真正的专心、真正的乐观本身就应该包含毅力。

如果一个人说我很积极，但是一遇到挫折就消极、沮丧，甚至从此不再积极，那么，这种积极性和没有是一样的。

如果有人说我有学习的兴趣，但是不能遇到困难和挫折，否则兴趣就没有了，甚至从此就消沉了，这个兴趣也和不存在是一样的。

一个人说，我在顺利的时候才自信，可是在遇到挫折、困难的时候我就自卑，没有自信，甚至从此再也没有自信，这个自信又存在在哪里？

如果有人说我有专心的能力，但是必须学习顺利、环境顺利，如果学习和环境不顺利，我就无法专心，那么，这种专心也就变为零。

如果有人说我很乐观，顺利时乐观，不顺利时就不乐观，如果遇到大的挫折，我甚至可能一蹶不振，你们想一想，这种乐观又在哪里？

所以，我们说毅力和承受能力是人的五种基本素质的骨骼，是人的心理素质的钢筋，它非常重要。

中国有一部古典文学名著，叫《三国演义》，里面写了古代著名的政治家和军事家曹操。他在华容道落荒而逃时，面临全军覆没的惨败有过三次仰天大笑。就是这个曹操最终取得军事上和政治上的大胜利。华容道的故事将曹操的乐观、豁达和在失败面前不屈不挠的精神栩栩如生地表现出来。

总结三国的历史，胜利者是曹操，而不是其他人。曹操的胜利除了与他本人足智多谋，与当时所处的整个社会背景，与他所代表的诸种社会力量等相关之外，还在于曹操确实有一种百折不挠的坚强毅力。

　　曹操是屡受挫折，才取得最终的胜利。

　　更早一点的历史，同学们知道的，有项羽和刘邦之争。刘邦曾经经历大小几十战，屡战屡败，自己多次受伤，但最终战胜了项羽，统一天下，建立了汉王朝。

　　总结刘邦成功的原因，当然有主观和客观等很多方面。就主观而言，很多人讲刘邦足智多谋，善于用人，我认为，其中有一点十分重要，就是刘邦真正体现了一个大政治家百折不挠的坚毅品格。

　　纵观刘、项之争，刘邦不仅多次失败，而且常常败得很惨。但是他从来没有因为这些挫折而丧失积极的目标，丧失争取成功的兴趣，丧失争取成功的自信，分散自己的注意力，丢掉了乐观，所以最终还是他获得成功。

　　研究历史的人都知道，如果仅从人物的气质方面考察刘邦，他并不让人感觉是一个风流倜傥、才华横溢或者说形象轩昂、各方面极为出众的人，然而，他最突出的性格形象之一，就是坚毅顽强、百折不挠。他屡经失败后取得了胜利，这一点在中国的政治和军事史上也是十分突出的。

　　至于讲到科学，讲到文学，讲到方方面面的学问家和事业家，同学们都有很多听闻。许多成功者的故事都表明，有毅力才会成功。只有承受住各种挫折，才能够成为一个令自己满意也令他人欣赏的强者。

　　当命运把成功的桂冠戴在某个人头上时，在此之前一定会用各种困难和挫折来考验他。

所谓艰难玉成，就是此意。

所谓逆境造成强者，就是此意。

正是挫折的锻炼，造成了成功的光辉。正是在挫折的锻炼中，成功者才会取得出类拔萃的成就。

所以，如果我们现在遇到了一点挫折，同学们要这样想，这是生活又给了我锻炼的好机会。如果你战胜了一个挫折，你应该这样想，我向真正的强者又挺进了一步。

没有经历过挫折而取得成功的人，根本不存在。

从某种意义上讲，非常的成功建立在非常的战胜挫折的努力之中。

如果哪个同学遇到更多的挫折，你要这样认为，这是命运给你提供了成为成功者的锻炼机会。这个机会千万不可错过。

三　培养毅力的八个方法

方法之一：接受良性暗示

不断地勉励自己有坚强的品质，勉励自己有承受挫折的能力，而且要把它具体化。将自我勉励的格言压在写字台的玻璃板下，也可以贴在床头。

同学们还可以找到自己喜欢的天才人物和成功者来影响自己、暗示自己，想象自己和他们一样坚强。

你如果热爱科学，就在科学家中找一位乃至几位你最尊敬的科学家，用他们百折不挠的坚强品格和形象来同化自己。如果你热爱社会活动，你就要找一到几位你所尊敬的政治家、军事家、外交家和社会活动家，以他们的坚强毅力和形象来同化自己。

要不断地暗示自己，我会和他一样，我要和他一样，甚至用他的表情来面对生活，用他的眼光来观察生活，学着用他的语言来描述生活，用他的行为方式来解决生活中的问题。

方法之二：拒绝不良暗示

如果你过去曾经软弱过，你的家长、你的同学或你的老师说你没有毅力，你就要认识到，这些评价本身也在对你进行不良暗示。你要告诉他们，我从此拒绝这个评价，我希望你们用新的眼光看待我。

你不能在心中有一个潜在的声音，说我这个人就是软弱，我就是承受不了挫折，遇到情绪上、感情上、环境上、学习上的各种困难时，我往往悲观，往往消极。

这些不良暗示，这种潜在的、消极的自我评价，从此以后都要拒绝。从今天开始拒绝。对于自己心中潜存的每一个这样的逻辑和声音，予以否定，予以抛弃。

同学们只要稍微审视一下就会发现，每个人心中都有一种潜在的声音，或积极，或消极。积极的要把它保留下来，并且将它发扬光大，消极的要将它彻底清除。

每个人的内心都有两个自我，一个积极的自我，一个消极的自我；一个坚强的自我，一个软弱的自我；一个良性的声音，一个不良的声音。我们要接受前者，拒绝后者。

方法之三：集中力量与压力对抗

在遇到挫折的时候，要集中自己积极的力量、兴趣的力量、自信的力量、注意力的力量、乐观的力量来和它对抗。

你遇到了挫折，就要想到自己曾经有过的积极目标，想到自己心中存在的那个自信心、那个兴趣，想到你平常有的集中注意力的那个能力，想到你的微笑和乐观，并且此时就漾出一个微笑，将这些力量集结在一起，对抗挫折给你的压力。

对人生中的每一个挫折、每一个压力都实行这种全力以赴的对抗是非常重要的。只有调动全力，才可能战胜比较大的压力，调动不好就可能导致人生的失败。

所以，调动自己的力量来对抗挫折和困难的压力，本身也是一个战争，一个力量对比，在这种对抗中，提高和强化自己的毅力和承受力。

方法之四：咬紧牙关

天下很多人生的故事都证明了这一点。承受力绝对不是有很多很多花样，有很多看来很巧妙的方法，像吹气泡一样就能解决问题的。

当一个人遇到挫折和困难时，常常会发现，别人并不能安慰自己，因为困难、挫折和压力的折磨从来都是自己的事情。只有咬紧牙关默默地去承受。

在这种时候，同学们要想起"咬紧牙关"这四个字，顶过去，承受过去，最终也就在挫折中站立起来，转败为胜。

方法之五：反复承受

承受力、毅力要在反复的承受中才能够逐步培养和提高。

没有这样一个方法，说我学会了，但一次都不练，马上就有了坚强的毅力和巨大的承受力。需要反复经历，反复承受。

凡是在这方面毅力突出的、承受力超常的，都是在反复经历中得到的。所以，这种能力在某种意义上要通过吃苦才能获得。

就好像一个运动员在体力上的承受力，必须通过吃苦的锻炼才能够得到。我们在心理上的承受能力，也必须通过吃苦的锻炼才能得到。

在这方面，要有智慧，但不要侥幸。必须经过一个反复锻炼的过程。

方法之六：睡一觉

有的时候在压力面前我们咬紧牙关顶住了，而且一直处在和压力的对抗之中，你可能很焦灼，很苦恼，甚至有一种不堪承受的、临近崩溃的状态，不要紧，给你三个字：睡一觉。

有的时候你已经把该承受的都承受了，但还是很难受。这时候，睡一觉，心态放松一点，或者干点别的，有可能使情绪得到转化。

和睡一觉相类似的，还可以出去走一走，玩一玩，跑一跑。特别是进行一种比较剧烈的体育活动，都有可能转移、消化和缓解你心理上承受的压力。

方法之七：依靠朋友

在你最困难的时候，如果你身边有朋友，要依靠朋友。用倾诉的方法，用获得理解和开导的方法，使自己心头承受的压力得到某种释放和缓解。

方法之八：忍辱负重

化沮丧为兴奋，化痛苦为力量，化消极为积极，做最具有积极意义的心理上的转化。

总之，当同学们在生活中、学习中遇到这样那样的挫折和困难时，可以依靠以上八种方法来战胜它，并且在战胜的过程中提高我们的能力。

四　带上你的防身武器

让我们言简意赅地将坚毅顽强这一法则做出概述。

我们首先讲了毅力的含义，就是面对挫折和困难的承受力。这种承受力是我们的积极性、兴趣、自信、专心和乐观的保障。

然后，我们更具体地讲了承受力的重要性。没有承受力，一切成功的人生都名存实亡。在这方面，我已经送给同学们很多格言。要特别重视这些格言对于人生的意义。

接下来，我讲了这种毅力和承受力培养的方法。千方法，万方法，最终还要在承受中锻炼，不畏惧挫折，不畏惧困难，敢于承受，善于承受，在承受中使自己成为一个真正的强者。这就是艰难玉成人生的真正含义。

坚毅顽强是一个讲道理很简单、做起来却不太容易的事情。同学们可能遇到过这样或那样的挫折，有的同学现在可能正处在某种挫折之中，以后还会遇到某种新的挫折，或大或小。那么，如何在挫折面前表现出超强的承受力、超强的意志品质？这也是一个天才少年应该对自己提出的要求。这样，我们就启动了一个良性的循环。

毅力、承受力是积极性、兴趣、自信、专心和乐观的保障。要提高毅力和承受力，也要靠我们有这方面的积极要求，有提高毅力的兴趣，有提高毅力的自信，能够集中注意力进行这种锻炼，在锻炼时有足够的微笑和乐观。

我现在要向同学们发问，请同学们用发自内心的声音做出回答：同学们有没有培养自己坚强毅力的要求？

（学员：有！）

同学们有没有在生活中锻炼自己这种能力的兴趣？

（学员：有！）

同学们有没有培育这种坚强毅力的自信？

（学员：有！）

当你遇到挫折时，能不能集中自己的注意力？

（学员：能！）

在遇到各种挫折考验的时候，在需要表现自己的承受力和毅力的时候，同学们能不能做到微笑乐观？

（学员：能！）

请同学们微笑一下。

同学们，你们的年级各不相同。有的同学可能就要面对一些重要关口，小升初，中考，高考。以后，你还会面对走向社会的重大考验。

在你们面前，肯定会有大大小小的成功机会在等待你们，也肯定会有大大小小的挫折和困难在等待你们。

当你们在人生的道路上前进时，不仅要带上口粮，还要带上防身武器。你有动力，有自己的追求和理想，这是你的口粮。你有坚强的承受力，有坚强的毅力，这是你的防身武器。

有了坚强的毅力，你才可能不被各种困难和挫折所击倒，你才不是手无寸铁，你才不是一个那么容易被生活所欺负的人，你才不是嫩豆腐，你才不是豆芽菜，你才可能在大千世界中足以经受各种各样的磨炼，创造出成功潇洒的人生。

预祝同学们从今天开始都具有坚强的毅力。

男同学要在这一点上体现一个好男儿的品质，女同学也要在这方面体现一个好女孩的品质。

在挫折面前沮丧、愁眉苦脸、一蹶不振，是不美丽的。

在挫折面前做到坚毅顽强、微笑乐观，才是美丽的。

希望同学们都成为美丽的人。

阅读与训练

重温社会行为能力培养的四个重要方面。掌握培养坚强毅力和承受力的八种方法。

学习日记：抄写对你最有勉励作用的两句关于毅力及承受力的格言。

运用本章讲授的方法，战胜你面临的一个或大或小的困难与挫折，如上课无法集中注意力，如对某一门功课毫无兴趣乃至成绩很差，同时肯定自己的每一点进步。

第十一章

健康自在

完整的成功不仅包括一般人们所说的学业和事业上的成就，还包括我们的身心健康。当你以一个非常健康的形象，同时携带着你学业和事业上的成就出现在老师面前时，老师才会对你投以真正欣赏的微笑。

一　别忘记健康是成功的一部分

中小学生成功的第十一法则，叫作健康自在。

身心健康的意义是简单明了的，不需要冗长的语言来阐述。我们只是用非常警醒的方式强调地提出这一点，使得每一位同学把它视为应该特别重视的一件事情。

身心健康是我们学习、工作的基础。这一点同学们都能够理解。不健康，难以坚持长时间的、多方面的学习，难以保持大脑高度的积极状态，难以承受学习和工作给予我们的负荷。

希望同学们对身心健康的意义有更加深刻的了解。一个人能不能在事业上出类拔萃，常常与他身心方面的健康程度和承受力有很大关系。在这一点上，同学们对自己要有高要求。

健康不仅是成功的基础，也是成功的一部分，是完整的成功必含的内容。

天下有这样一些人，事业可能很成功，但是，终生处在不健康的状态中，处在疾病的折磨之中。应该说，这种人生并不让我们向往和羡慕。如果一个人的成功要以付出身心健康为代价，至少不是最理想的方案。

每个同学在这方面都不要接受不良暗示，以为获得学习和事业的成功，就要以健康为代价，就要提前成为老弱病残，这是一个错误的观念。包括各种有关牺牲健康而成就事业的所谓事迹，不管人们如何讴歌，都不必把它当作真正的楷模。

我们提倡的是，成功而健康。

不是在牺牲健康的基础上获得学业和事业的成功，而是在健康的基础上获得学业和事业的成功。我们的训练就是要让同学们树立这个明确的观念。

千万不要在某一时刻，你们向老师报告，我学习进步了，我付出了巨大努力，我因此得了好几场大病，现在身体几乎不行了，我还在努力。不要做这种报告，老师会感到遗憾。

你们要非常明白，完整的成功不仅包括一般人们所说的学业和事业上的成就，还包括身心健康。当你以一个非常健康的形象，同时携带着你学业和事业上的成就出现在老师面前时，老师才会对你投以欣赏的微笑。

把以上讲的道理概括为一句简短的格言，送给同学们，那就是：要成功而健康。

健康是成功的基础。健康本身就是完整的成功的一部分。

二 心理不健康的几种表现

在讲到健康时，要特别提倡身心健康这样一个完整的健康概念。

对于身体健康，同学们一般有概念，家长和社会环境有概念。但对于心理健康，我们的同学、家长和社会环境还缺乏足够的概念。

根据各种心理学的统计，我们的中小学生有心理障碍和心理不健康现象的比例越来越高。在青少年中大概有这样三种不同程度的心理不健康现象。

第一种是最浅显、最一般的，比如有些同学心理上很脆弱，有一种超乎正常的孤僻和孤独感，在学习中经常有过分的紧张和不安，这种情况属于心理不健康的小毛病。

每遇到考试，不仅心理紧张，有的还有生理反应，如咳嗽、失眠，各种体征，都表明对社会生活和学习生活有承受不了之处。

第二种心理不健康的现象更严重一些，在医学和心理学上往往把它称为神经症。

神经症并不是精神病，比如神经衰弱。当医生说一个人患有神经衰弱时，就属于一种神经症。

又比如恐惧症，有的同学恐高，有的同学恐惧人多，有的同学恐惧黑夜，有的同学恐惧宽阔的广场。

又比如强迫反应，有的人总止不住要做某件事，反复地洗手，反复地关门，做一些超出必要的动作，自己不能克制。

还比如焦虑症、抑郁症，经常处在焦虑之中，长久地处在抑郁之中。并不是偶尔的焦虑反应，偶尔的抑郁情绪，而是在很长时间内总是处在这种状态中。

又比如疑病症，总怀疑自己有病，不是怀疑这个地方有病，就是怀疑那个地方有病，超出了正常情况下对身体状况应该有的注意。

这些都属于神经症。

第三种心理不健康的情况就比较严重了。这是非常少数、非常个别的，就是通常所说的精神不正常，包括精神分裂等。

当我们把心理不健康的现象以这三种不同程度的表现告诉同学们时，是想说明这是一个容易出现的不健康状态，但又是一个可以避免的不健康状态。只要我们注意，只要我们有身心健康的明确目标，问题是容易解决的。

那么，作为对这一段内容的概括，我们将这样一句格言送给同学们：

我们要注重完整的健康概念，要在注重身体健康的同时，注重心理健康。

有了身心两方面的健康，同学们才有可能在今后的生活中不仅成就自己，还能帮助别人。

三 排除心理不健康现象的八种有效方法

要想达到心理健康，首先要善于排除各种心理障碍和心理上的不健康现象。不要等自己已经形成了严重障碍，有了神经症，甚至有了更严重的精神疾病之后，才开始注意心理健康问题。

只要感觉自己有一种焦虑，有一种排除不了的心理上的不安，情绪上有一种高度的、长久的、折磨自己的紧张，就一定要想办法排除它。

排除的方法有八种：

一、有积极的目标，但不设置过高的目标。

二、学会放松自己。

放松的具体技术是：放松身体，进而也就放松了情绪。

三、倾诉。

当你感到心头积累了某些折磨你的、困扰你的情绪、事情，要想办法找到同学、家长、老师或朋友予以倾诉，这是释放的一种方法。

四、各种宣泄和释放。

比如，把一种情绪倾泻在日记本上，或者大声唱一首能够释放自己某种情绪的歌曲。如果累积的愤怒无法释放，可以唱一首表示愤怒的歌曲。如果特别难过，可以唱一首释放痛苦的歌曲。在特别哀伤、难过的时候，可以大哭一场。哭，也是一种解脱和帮助。

五、脱敏。

脱敏法有很多具体的实施技术。比如一个人心理上有弱点，经常地紧张不安，过分地胆小，想去除这些毛病和这些障碍，那么，先想一下自己有哪些弱点，写在纸上：我过分怯懦、胆小，我过分紧张，我自我折磨，我太焦灼。然后你说，这些缺点我都不要！将写在纸上的缺点全部画上叉，再将它撕碎，抛弃在纸篓里，用这种画叉、撕碎、抛弃的动作，完成一个带有象征意义的心理操作，它有时候能帮助你去除心理上的弱点。

凡是不要的东西，我一撕，一摔，告别了！人有时候在生活中要拒绝或者永远忘记曾经折磨过你的一个人物、一段交往，可以把记录这段交往的有关文字和照片狠狠一撕，它就有一种决裂感。

你和自己的缺点、弱点及心理上的障碍告别，也可以用这种脱敏法。

如果你想完整地运用它，可以把你不要的缺点一条条写出来，狠狠地画叉，狠狠地撕碎它们，狠狠地抛弃，然后狠狠地喊出来：不要你们！再见！Bye-bye！

六、自我分析。

你说自己这么难过，成天愁眉不展，成天学习没有劲头，上课老是注意力不集中，为什么？得想一想。很多人处在心理上的不优良状态和不健康状态中，自己却不知道为什么。有些人始终处在注意力不集中的学习状态中，他不知道为什么。

这时候需要分析一下。如果你们还小，那么，就要由家长和老师做这个工作。随着你们慢慢长大，就应该由自己来做这个工作。特别是当老师和家长无暇顾及时，同学们尤其要靠自己做好这个工作。

怎样做呢？从问"为什么"开始，静下心来想一想，逐渐你就会得到那个结果。那个结果其实就潜伏在你潜在的意识之中，像地平线上露出的一抹山尖，你站得高一点，就能看见那座山脉。它还像冰海中的一座冰山，水下的部分只有潜入海底才能探究到。

七、最广义的自我暗示。

一般是用简单的语言文字对自己进行暗示，比如说我很健康。

如果你的身体已经有些不健康了，你要说我很快就会变得健康。

如果你为一件事很忧愁、很忧郁，你就要说我很高兴、很愉快。

如果你性格很不开朗，你就要说我很开朗。

如果你比较容易紧张，你就要说我非常坦然，我心比天宽。

如此等等。

当你在心中反复默念这样的话，或者把这些话写在墙上反复看，它就会对你形成良性的自我暗示。

八、听之任之。

对于有些心理障碍，当你用了上面几种方法有所克服但还留一点尾巴时，对这个尾巴不必太在意，听之任之，作为一个过程它会慢慢消失。

过分在意自己心理上的不健康现象，反而会加重不健康。

我在《曲别针的一万种用途》中曾经讲到对一个女大学生提问的回答。她说，我一讲话脸就涨得通红，应该怎么办？我说，有很多心理学的方法可以去除你的弱点，我告诉她一些方法。她说，这些方法我都尝试过，可是，没有能够完全解决我的问题。

我就笑了，说：还有一个方法，就叫听之任之，不要太在意。你为什么一定要特别努劲地、完全地、干干净净地一下子去除你一讲话就脸红的这个表现呢？你越这样焦灼，反而越加重了这种反应。另外，一个女孩子讲话有点脸红，不是也很美吗？没有什么不好嘛！

她这么一想，当场就感到轻松多了。

同学们，如果你当众讲话时有点紧张，比如手有点微微的颤抖，应该战胜这个颤抖，但也不必太在意。有点颤抖没关系。你看电视上某些大人物，他们有时候在讲话时手也有些颤抖，他们也紧张。

所以，听之任之是第八种对自己实行解脱的正确方法。

对上述八种方法，我们做一个简单的回顾和概括，那就是：

目标适当法，放松法，倾诉法，宣泄法，脱敏法，自我分析法，自我暗示法，听之任之法。

同学们要记忆这些方法，可以寻找这里的逻辑关系。

首先，人生目标要得当；同时要学会在放松的状态中实现自己的目标；遇到问题先找朋友倾诉；倾诉之外还有其他的宣泄方法；回到家里自我脱敏；再自我分析；不行再自我暗示；最后听之任之。

四　"成功、健康、自在"是我们的六字箴言

仅有成功和健康还是不够的，我们还要自在。"成功、健康、自在"才是我们要完整追求的人生状态和人生境界。

自在就是人生的洒脱、从容状态。有了自在状态，才是最出色的成功。

往下，我们要讲到成功和自在的关系。

如果说一个人是精神病，对天下的事情浑然不知，大庭广众之下打滚、撒泼耍赖，这种自在我们不要。这叫病态的自在，失败的自在。

但是如果说一个人好像很成功，科学上有重大发现，文学上有重大创造，经济上挣了很多钱，发了很大的财，或者达到一个政治上的高位，可是同时疲累不堪，终日处在一种矫揉造作、装样子的状态之中，自己也觉得有一种难以解脱的环境束缚和自我束缚，那么，这种成功也并不让我们羡慕。

所以，"成功、健康、自在"六个字概括了我们要追求的理想人生目标。这该是我们人生的箴言。

在这里，有如下格言送给同学们，它表明了这六个字之间的内部关系：

成功能够使人更自在。

健康也能够使人更自在。

而自在又能使人更成功。

自在又能使人更健康。

这是一个统一的、相互作用的关系。

在这一节中，我们讲了"成功、健康、自在"这六个字，讲了成功、健康、自在这三个方面的相互关系。

如果对它做最简单的概括，第一，我们一定要追求成功、健康、自在这样一个完整的人生高境界；第二，成功、健康、自在是互相促进的，互为原因和结果的。

五　进入自在状态

那么，如何才能够达到这种自在状态呢？

同学们马上就应该进入积极思维态。什么是积极思维态？就是当老师提出问题时，你要想办法自己找到答案；而当老师给出答案时，你又马上去概括这个答案，同时想到如何将这个结果记住。

一个人如何使自己自在，主要有如下七个方法，它是由一些言简意赅的短句予以说明的。

第一，要挺拔而放松。

这不仅是一种生理上的姿态，也是一种心理上的、精神上的状态。

第二，要积极而从容。

这是把挺拔而放松的人生姿态落实到具体的人生目标上，我们的目标必须是积极而从容的。

我们在前面讲过积极性，当讲到这里时，"积极"二字就更为完整了，要积极而从容。

第三，要兴趣广泛而不贪心。

我们对学习、对课外知识的扩充、对人生事业的开拓要有广泛的兴趣，同时，不能表现得过分贪心，贪多嚼不烂，贪多消化不了。

军事上过贪，结果不是吃掉了敌人，而是被敌人吃掉。事业上过贪，结果不是战胜了困难，而是被困难所压倒。

第四，要自信而平和。

我们在人生中到处都要洋溢着自信。用自信的眼光看待世界，用自信的行为介入世界，同时，又要有平和的心态伴随我们。

第五，要专心而不偏执。

我们从事任何事情都要专心。但是，专心而不偏执于一点是特别重要的法则。

　　当我们解答一个具体的学业难题时，一定要专心，但并不是偏执地、长时间地停留在这个点上。如果一时解决不了，可暂时跃过，等待适当的时机再回过头去解决它。

　　在大的人生事业中，我们要专心做一件事情，同时还要考虑到整个的生活背景，整个的人生内容。不是把自己变成一个工作机器，只知道做一件事，除此以外什么都看不见。

　　那种进入偏执状态的所谓专心，并不是最完美的专心。专心而不偏执，才是特别智慧的、大度的专心状态。

　　第六，要拿得起放得下。

　　我们做事的时候，要充分表现出高姿态。该拿得起的时候拿得起，该放得下的时候放得下。

　　就像你现在要去研究数学，或者课外去研究天文地理，说进入就进入，说拿得起就拿得起。如果你现在该休息了，该睡觉了，对正在做的事情也要说放得下就能放得下。

　　天下很多事情都要有一种拿得起放得下的对比分明的优良状态。该进攻的时候进攻，该防守的时候防守。该集中力量去做一件事的时候，就集中力量去做，而不是涣散力量去做。做完之后，该置之一边就置之一边。这是学习、工作、整个社会活动乃至军事、政治等方方面面的一种气魄。

　　反之，如果你是一个拿不起放不下的人，那你的人生必然是失败的。

　　第七，要随心所欲。

　　如果完整地说，叫遵循规律。随心所欲是比较高级的自在状态。

　　它不是一个精神失常的人、一个不通任何世事的小孩闯入一个严肃的世界，在那里不管不顾地哭喊打滚。而是掌握了世界的规律，进入了随心所欲的状态。像书法家、画家进入淋漓酣畅的自由创作状态。这样，我们才可能真正进入学习、生活的自在状态。

　　如果同学们在生活中确实能够挺拔而放松，积极而从容，兴趣广泛而不贪心，自信而又平和，专心又不偏执，拿得起放得下，随心所欲，学习这样，生活这样，表达这样，社交这样，唱歌这样，跳舞这样，书画这样，以后从事经济、政治、文化、军事等事业也是这样，哪怕在细小的活动中，做家务、买东西、旅游，都能在这种状态中，我们就能够更聪明、更有效率、更成功，也更健康。

　　一个人处在自在态、自然态、自如态，就会尽可能减少额外的支出，使自己在一种更加年轻、健康的身心状态中生活、学习和工作。

阅读与训练

　　重温培养坚强毅力和承受力的八种方法。掌握达到自在状态的七个方法。

　　学习日记：默写达到自在状态的七种方法。如果你感到自己有哪

些不自在或不健康的地方，从本章中找到解决它们的办法，或者与家
长共同学习，商讨解决的办法。

第十二章

行动至上

　　要重新塑造自己，特别突出的是行动。希望每个同学从现在开始行动，立刻为自己设计一个新形象。

　　在设计新形象时，要想到这样八句话：自信积极，微笑乐观；不畏困难，轻松自在；不卑不亢，宽仁博爱；敢说敢做，拿得起放得下。

一　立刻为自己设计一个新形象

　　中小学生成功的第十二法则，就是行动至上。

　　我们在前面的讲授中，始终突出了一个精神，那就是行动。同学们在学习这些法则的过程中，也一直是边听讲边训练，这都是为了贯彻行动的法则。我们要重新塑造自己，特别突出的是行动。

　　同学们不要以为行动这两个字挺简单，怎么这本书里讲的都是一些特别简单的字眼呀？正是这些简单的字眼中包含着最重要的内容。不要说到"罗森塔尔"同学们才觉得高大上。行动谁还不知道？

就是有人不知道。

有些同学十几年了一直有一个弱点，就是不敢大声讲话，家长也始终在担心这个问题，忧虑这个问题，多少年想帮助他解决这个问题，也没有解决掉。

为什么几天的训练就发生根本性的变化，你自己和你的家人都觉得你变了一个人？其中有一个原因，就是我们的训练方法是从行动开始的。

希望每个同学从现在开始行动，立刻为自己设计一个新形象。

你过去有了一个形象，别人眼里的形象和你自己眼里的形象，家长眼里的形象和老师、同学眼里的形象。如果你对自己过去的形象不满意了，就要重新设计一个，那么，"成功、健康、自在"这六个字，应该是你设计新形象时要想到的。

如果更具体一点，同学们设计形象的时候一定要意识到：

在智力方面要把自己设计成一个聪明的学生；

在非智力心理素质方面，要把自己设计成一个坚强的学生；

在身心健康方面，要把自己设计成一个健康的学生；

在社会行为和道德方面，要把自己设计成一个有行为能力、有道德观念的学生；

在自在状态方面，要把自己设计成一个自在的学生。

在新形象的设计中，永远不要忘记"创造性"这三个字。同学们一定要把自己设计成一个具有创造才能的人。

上面我们讲了新形象的自我设计，希望同学们在这个训练中，给自己设计一个新形象。

二 确立新形象有好方法

设计好了新形象，如何进一步把它确立起来，有哪些方法？

方法之一：暗示法

用各种明确的语言实施自我暗示。

如果你把自己设计成一个成功、健康、自在的人，就要这样自我暗示，我是一个成功、健康、自在的人。

如果你把自己设计成一个自信积极、微笑乐观的人，就要这样自我暗示，我自信积极、微笑乐观。

如果你把自己设计成一个聪明的、坚强的、健康的、道德的、有行为能力和自在的人，就要做这样的自我暗示，我是一个这样的人，聪明、坚强、健康、道德、有行为能力、自在。

如果你把自己设计成一个有创造性的人，就要这样自我暗示，我是创造的天才。

方法之二：想象法

当你有了为自己设计的新形象时，这个形象应该很具体，比如说我未来是一个成功的律师，那么，你可以想象一下，自己成为出色的律师之后是什么样子？你把自己设计成一个非常好的英语老师，你就想象一下我当英语老师是什么样子？如果你把自己设计成一个特别善于参与社会活动的人，就可以想象自己如何参加各种重大的社会活动。

这种想象不仅是让你过一把瘾，它还会增加你设计新形象的自我感觉。当你在生活中还不能成为这样的人时，想象一下有助于接近这个角色。

就好像一个演员，他在表演一个角色之前，先要想象一番。我演诸葛亮，想象羽毛扇一摇，如何在茅草屋中纵谈天下。他虽然还没有真正表演，这种想象却开始让他进入这个角色。

同学们也一样，想象是确立新形象的技术手段之一。

方法之三：描述法

将暗示法做一个转化，将自我暗示的语言变为对他人讲述的语言。

比如我见到一个同学，我就对他说：我这个人现在特乐观，过去我挺爱发愁的，现在啥事都不愁，而且脑子越来越好用。这种描述也是一种自我暗示。

反之，如果你总是对别人诉苦，我这个人不是这儿难受，就是那儿难受，身体特差劲。总是进行这样的消极描述，描述多了也是一种自我暗示。而且这种描述的自我暗示比独自关在家中默念的自我暗示更有力量。久而久之，你就可能真的身体不好了。

就好像有的人总是没有信心戒掉烟，现在他对别人讲：我这次戒烟决心特别大，肯定能戒掉。反复描述，让周围的朋友同事都知道，都参与监督，由于决心大，他果然戒掉了。

要用描述的方法使自己完成新角色，做自己的导演。

当你反复在生活中进行描述时，新形象真的会从你的旧形象中生发出来，像小鸡啄破蛋壳一样诞生出来。

希望同学们尝试一下，这不叫吹牛，这是你向整个社会确立新形象的一种技术。从今天开始，你要用自然的方式，在和周边世界的谈话过程中确立自己的新形象。

你可以对同学、老师这样说：我过去胆子比较小，可现在我的胆子变大了。我根本就不在乎到什么场合大声说话，我已经可以做到比较从容了。你这样说来说去，越说越觉得自己确实有感觉了，确实进入了新形象。

而你不断表达的结果，使别人也相信了这个形象，众人的眼睛都把你看成一个坚强的人了，于是你感觉就更好了，新形象就更确立了。

同学们可以想象一下，如果你在生活中描述，我是一个百病缠身的人，身体特别不好，反复描述的结果是自己真的有了病弱的感觉，而且不仅自己有感觉，大家也对你有了这种印象。你在任何场合出现，大家都会用这种眼光看你。

你高高兴兴想去参加一个活动，人们都劝说：老张，您身体不大好，就不用去了。于是，你的描述又变成了别人对你的描述。你在一个病弱的形象中无法自拔。

反之，你向别人描述自己是一个健康的人，我身体特别棒，游泳游一千米、两千米不在话下，我从来不生病。大家就会把你看成健康的人，轮到有什么社会活动，有什么体力经受检验的场合，就会说，老张身体与众不同，特别棒。这种感觉尤其会使你进入一个健康者的角色之中。

方法之四：表演法

将内心的想象变为外在的行动。你想象自己当律师，还只是个想象，你也可以表演一下呀。

怎么表演？

可以一个人面对镜子表演，模拟一个法庭，自己在那里充当律师，滔滔不绝地论证一番。还可以在家里召开模拟的记者招待会，让爸爸妈妈往那儿一坐，我就是一个著名的记者。我表演提问，请张董事长发言，请刘副部长发言。

表演的结果，也是使你进入角色。

很多演说家经常在家里表演，就是为了把他平常练出来的好角色带到讲台上，带到讲演的大庭广众之中。所以，表演法也是确立新形象的一个技术。

方法之五：行为法

你也自我暗示了，也想象了，也描述了，也表演了，还有更有力的手段，就是行为。

你说我是一个乐观的人，只是说了一下而已。如果你在社会中表现一下乐观，今天遇到一件事情，你确实做出了乐观的表现，这个乐观的形象立刻就深入你的血液之中。

如果你把自己设计成敢于表达的人，那么，没有比大声表达这种行为更能确立你的新形象了。

如果你要做一个自信的人，那么，你在生活中做出一个自信的行为，就能够很有力地确立你的新形象，使你在这方面有长足的进步。

希望同学们经常用这个方法训练自己，不是光讲道理，而是立刻训练。你要拥有专心、高度集中注意力的这个素质，你不妨这样行动一次。用行为的方法来确立自己的新形象，这是有力量的。

经过这一阶段的学习，同学们一定有这种感觉了，过去，从来没有要求过自己用脑子当下记住书本的内容，大多数是记在本上，课后再复习，如果记得不全，还去抄别人的笔记。现在，你进行了这样的训练，这个素质就开始有所确立。

同学们看一本书，里面讲我们青少年如何成功，千万不要在看完以后就放在一边。那是没有用的。要从行动开始，从行为开始！

在重新塑造自己新形象的努力过程中，一个行动胜过一百个想法。

三　从这些简单的行为开始

同学们，我们共同探讨了中小学生成功的十二法则，在这十二法则的推进过程中，同学们一定做了很多思考，有了很多的参与，有了很多的进步，我为同学们感到由衷的高兴。

当你们将要结束这个学习过程的时候，就在你们对这十二法则的无数细节和格言都有了这样和那样的印象之后，当你就要合上这本书，走向一个小学生、中学生所面对的学校生活、社会生活的时候，希望同学们与我共同思索一个问题：

读了这样一本书，经历了这样一种训练，我们最直截了当、最简单易行的进步应该从哪里开始？如何把这段时间的阅读和训练真正变成一个行之有效的自我素质的重新塑造？如何使自己变得焕然一新？

中小学生成功的十二法则绝不是束之高阁的玄学，绝不是拿所谓心理学、教育学的一般抽象概念吓人的空洞理论，它在理论上的彻底性表现为它的实践性和可操作性。

当同学们结束这个训练迈向生活时，希望你们从如下这些简单的行为开始，做到这些，就证明你们没有浪费自己的时间，没有白读这本书，没有白白进行一系列的训练，这样，你们才能在这个年龄段真正完成一个质的变化和飞跃。

第一，从现在开始面带微笑，挺胸抬头，设计并真正实施自己新的行、立、坐的姿态。

行是一个自信的行的姿势，站是一个自信的站的姿势，坐是一个自信的坐的姿势。从体态语言开始，对自己实行调整。这件事并不难，每个人都可以做到。

第二，改变自己的表达，从敢于、善于大声讲话开始做一个成功的人。

这件事不难，在你面带微笑调整好自己的姿态之后，在你离开这本书之后，每天坚持这个训练。

当你用足够清楚、洪亮的声音表达了自己的思想之后，你会发现，自己已经发生了人格的变化。

第三，请重新设计和运用你的口头语，把那些消极的、怯懦的口头语改成自信的、积极的、强者的口头语。

在生活中，我们经常见到怯懦者的口头语是：我不行。这个可能难点。怎么办？真糟糕！没辙！等等。

可是，强者的口头语经常是：没问题！这不难！我行！没什么了不起的！怕什么？如此等等。

同学们如果注意观察生活就会看到，任何人的口头语都代表着这个人的人格。有的时候一个口头语不仅影响了自己，也影响了整个环境。

在现实生活中，我们经常看到这样的场面，一个很困难、很棘手的事情摆在面前，也许所有的人都还没有找到答案，正为它发愁呢，其中一个人面带微笑一挥手，说：没问题！大家的情绪一下放松了，愉快了。在这种气氛中，很快产生了解决问题的好方案。

第四，请同学们把最重要的成功者的素质化为几句格言，写在笔记本上，写在案头，写在床头，从今天开始对自己形成一个强者的自我心理暗示。例如"成功、健康、自在"六字箴言，例如"自信积极，微笑乐观；不畏困难，轻松自在；不卑不亢，宽仁博爱；敢说敢做，拿得起放得下"八句话，都可以成为自我暗示的格言。

第五，以这样的新姿态、新表达、新口头语、新状态迈出家门，面向社会，面向学校，新的生活就这样开始。

第六，自觉地确立积极而适当的人生目标。

从现在开始，应该在这方面完成一个对人生有重大影响和支配作用的任务。

第七，以自信的精神迅速提高自己在观察、记忆、思维、阅读、表达等方面的学习能力。这是我们每一个同学要迅速解决的问题。

第八，需要立刻解决的是，提高自己的阅读能力，更完整一点说，是听讲阅读的能力。这是非常具体的提高阅读能力的突破口。

同学们，当你面带微笑了，当你挺胸抬头了，当你改变了表达，敢于大声讲话了，当你重新设计自己的口头语了，当你把一些最重要的素质变成格言，写在本上，贴在墙上，构成暗示环境了，当你以这样的新表情、新姿态、新语言、新形象面向学校和社会了，当你建立了积极的人生目标了，当你集中力量开始解决一个小学生、中学生面临的主要问题了，着重提高你的学习能力了，请同学们用更为积极自信的方式，从现在做起，从今天做起，迅速提高自己的听讲、阅读能力。

这是一个非常具体的环节。你们必须训练在一堂课之后，不仅理解了老师讲授的全部内容，而且记住了老师讲授的全部内容。不是记在本上，而是记在脑子中。这个记忆只要在当天晚上稍加回顾，第二天早晨再稍加重温，就将成为你一学期、一学年，甚至终生不忘的知识。

同学们必须进行这个训练，当你们在阅读一本课外书时，学会在短时间内迅速读完一本书，读完一章书，对其中讲述的内容立刻做出概括，完成记忆。

永远要整理书。

永远不是跟着书走。

永远要把我们抽屉中各种各样的东西经过整理而记住。

永远要把书架上的书经过整理而记住。

不整理的东西自己找不到。不整理的知识自己找不到。

　　希望同学们能够迅速解决听讲和阅读的问题，这样，你们才能在新的学习中出现质变。

　　如果你这样做了，你就为未来的学习开了一个好头。

　　当你们做了这样八件很具体、很容易的事情之后，你们就能够在起了这个好头之后，开始天才人生、健康自在人生的实现过程。

　　同学们，你们现在是多好的年龄，多好的时候！比那些更年幼的同学，你们有了最初的人生自觉。比那些年龄更大的同学，你们更年轻，有更可塑的灵动和活泼。

　　当你们以极大的热情、专注和积极性进行了中小学生成功之路的探索时，每一个人都应该在心中出现一个新感觉，在眼前出现一个新世界。你们所看到的地平线之内的面积应该比过去更大、更远了，因为你们站得更高了。

　　希望同学们在这样一个看来很深刻、其实又简单易行的自我训练中，能够一步又一步地向前推进。

　　也希望所有参与这个训练的同学，能够在未来的一年、两年、三年、五年乃至十年之后，向社会报告你们的好消息。

　　那时候，我们会说，我们曾经共同进行过这样一个努力，我们共同参与了这样一个训练。我们之所以获得今天的成功，归功于我们曾在非常年轻的时候有过的那么一个自觉。而我们的那个自觉，将是若干年后送给比我们更年轻的小朋友的最好礼物。

　　同学们与我共同参与了像大学生一样的学习方式和训练方式。为了效果好，我提出了比较严格的要求。我相信，我没有判断错你们的悟性，没有过高估计你们的自觉性。

相信这些比较严格的要求不仅没有伤害同学们的积极性，而且在同学们那里得到了真正的领会。同学们一定会在未来的人生中，经常以一种美好的情感回忆起今天这个共同的训练。

希望今天的训练在老师和学生之间，在同学与同学之间，都能形成一个更加深刻的、更加真诚的相互理解。

相互理解本身是一种智慧，是一种能力，是一种素质。让我们在这样的基础上各自走向新的人生。

祝愿参与训练的同学们真正成为天才的少年！在未来的人生中成为成功、健康、自在的人！

阅读与训练

重温达到自在状态的七个方法。掌握确立新形象的五种方法。

学习日记：默写行动法则的八项内容。向家长、好朋友及亲友（至少三个人）大声而清楚地描述为自己设计的新形象。

结束语

用新形象向社会报到

——在"天才少年强化训练班"结业式上的讲话

一 永远处在自信状态中

同学们，在过去的六天中，我们来自全国十四个省六十多所中小学的部分同学在互相督促、互相竞赛、互相比较的过程中完成了一个强化训练。今天加上你们的家长，就构成了一个完整的大社会。

我们在昨天的课程中已经讲到，当你用新的形象、新的智慧、对社会新的理解，包括你新的学习状态、学习方法、学习智慧走向社会时，你已经开始踏上了成功者的人生。

同学们，在这个炎热的夏季，父母安排你们参加了"天才少年强化训练班"，在训练结束之后，今天又很整齐地坐在你们身后，这个画面非常形象地表明，他们是你们的护卫。

在座的有些孩子的父母远在河南、安徽、内蒙古、黑龙江、辽宁、陕西、重庆、湖北、海南等地，从很远的地方专程来这里陪同你们进行训练，进行了千里迢迢的跋涉，表明对你们有多么大的期望。

所以，同学们从今天开始要更加坚定自己的信念：

第一，你们确实从今天开始应该成为一个自信积极、微笑乐观的人，一个敢于面对人生竞赛的人，要在这个社会中做一名真正的强者。

第二，什么是强者？不仅仅是有各种各样的行为能力，有敢于大声讲话的表达能力，有社会交往能力，有成就事业的能力，还应该有各种各样的理解能力，包括你们对同学、对老师和对家长的理解。

我们要把自己造就为一个成功的人。如果你们还是婴儿，责任全在父母。如果你们是一二年级的小学生，大多数责任还在父母。但当你们迈入小学五六年级、初中这个年龄段甚至更大一点的年龄时，你们自己应该开始承担相应的责任。

一方面，是父母的态度，他们是不是在实施正确的家教方案，在给予你们好的学习状态；另一方面，你们也应该明白，你自己的态度也在决定自己甚至更严重一点说还在决定父母的生活状态。

昨天一位从外地来的父亲找到我，讲到了他心爱的女儿在这几天的进步，同时也讲到，女儿一个小小的态度有时候可能引起父母在情绪上非常强烈的反应。我后来把这位女同学也叫来了，我对她讲：你现在大了，对外是个学生，在家是个大孩子了，不要再像小时候那样在父母面前以任性的面貌出现。

同学们，希望你们用理解的态度来对待父母。你们应该知道，你们的每一个微笑和对父母的每一点理解常常会给父母带来莫大的慰藉，甚至使父母身心更加健康，更加年轻，做事更加顺心。

孩子们，你们有这么大的力量！

特别当你们是一个独生子女的时候，你们往往不知道，你们的一言一行，对父母的一个态度、一句话语，有时候会使父母一整天处在一种好的或者不好的状态之中。

当我们理解这个世界时，当我们能够培养自己的生活兴趣时，我们还应该能够培养他人的生活兴趣。我们在训练中曾反复讲到，大人能培养小孩的兴趣，小孩也能培养大人的兴趣。

这样，我们就可能在家庭和社会中都成为非常出色的人。

我在同学们的作业中注意到，有的同学已经把兴趣法则用在了自己家里。一位同学正在试图培养父母喜欢花草这样一个兴趣。多么乐观的孩子！

同学们，提高自己对父母、对老师、对同学、对他人的理解力是我们真正成熟自信的标志。

第三，经过训练之后，当我们进入新的学期时，希望所有的同学都能够真正掌握这个培训班中教授的高效学习方法。这种方法我们在最近的几天已经做了比较密集的训练。

我们的授课理论性是比较强的，深度应该说是大人也要动动脑子才能理解的。但是，同学们在上课的过程中大都在努力做到一点，就是老师讲的课当堂记忆。我们有一节课讲了五个方法、八个行动，很多同学当场就完成了记忆，当场站起来口头回答，全部正确，顺序排列完整无误。

同学们，我们就要进入新的学年，无论是小学、初中还是高中，无论是面临中考还是高考，希望你们迅速进入新的学习状态。我知道你们中间有的同学已经准备从训练班结束开始，就尝试用新的眼界、新的方法来对待学习。

很好。

同学们已经领会到了，在这个世界上真正做一个洒脱的人，不是停留在幼儿的无拘无束中就能够实现的，你必须能够非常自在地完成每一个阶段社会给你的任务。

作为一个学生，如果你能够非常高效地、轻松地又成绩优秀地完成你的学业，那么，你就能获得课外时间的潇洒，你就能有面对各种考试的潇洒，你就能有面对升学的潇洒，未来你还有人生成功的潇洒。

这些问题，相信同学们都能心领神会。

今天，我们面对这么多的家长，应该表现出我们的决心。

下面，我请训练班全体同学按照以往的要求，调整好自己的坐姿，脊柱正直，两肩放松，一瞬间进入你们要进入的主题。

在上课的时候，就是那一瞬间，与上课无关的杂念全部去掉。做作业的时候，一瞬间，与作业无关的杂念全部去掉。千万不要预热十分钟、二十分钟才进入主题，最好是一分钟、三十秒、二十秒、十秒、五秒做到。

同学们在任何场合都要训练自己的专心能力，集中自己注意力的能力，观察、记忆、理解、思维和创造的能力。

现在请同学们按照训练班的要求，以自信的状态、精神饱满的状态做自我报到。

一号同学开始。

（同学们依次大声报到。家长们为孩子们出色的表现热烈鼓掌。）

同学们要知道，我们的每一个表现，都是向社会报到。

就要用这样精神饱满的、顶天立地的姿势站立起来，大声表达出自己对这个世界的自信。包括自己介绍自己，自己推销自己，自己去争取这个世界对你的理解和接受。

世界在选择你，你要对世界有所表现。

永远要处在自信的状态之中。

二　进入成功、健康、自在的角色

往下，我们将进行这样一个程序，我们从这五天的日记作业中选择了二十多份，事先没有通知哪个同学将被选到。同学们将按照临时的宣布一个一个走上讲台，大声朗读。要求你们把这项活动当作一个特殊的训练。

很多同学在七十人的大教室中已经表现得非常优秀，现在是二百人，是大人、小孩、各行各业都有的一个完整的大社会。同学们要给自己争气，给你们的家长争气。所以，不仅不应该比平时懦弱，而且应该比平时更坚强。

需要说明的是，为了进行这个特殊的训练，在选择作业时，我们有意识地少选大同学，多选小同学，少选平时表现出色的同学，多选平常表现似乎还不太成功的同学。当然，各种类型、各种标准我们都要兼顾。

比如说下面有演出的同学，我们有可能不选择你在这个朗读作业中再次锻炼。有的同学是我们接下来演出活动的策划、导演、主持人，那么我们也可能不选你们。总之，就是尽量让每个人都得到锻炼的机会。

这种锻炼是多种多样的。

有些同学素质很好，可是在一开始的竞选中没有成为班组长，他有点失落，但是在随后的七天中不但没有自暴自弃，有对抗情绪，而且非常严格地要求自己，以普通一员的默默无闻的锻炼方式，获得了老师和同学的赞赏，最终又走上自己人生的讲台。

请所有的同学共同参与下面这项训练，没有上台的同学，或者你们也不知道自己会不会上来，请你们共同做这样一个训练，看谁能够将今天上来的二十多位同学的名字全部记住，训练这个记忆。

同学们每时每刻都要进行这种综合的训练。

好，现在开始，我点到名的同学，一个一个上来，大声朗读。

（每个同学朗读完作业之后，笔者都做出三两句话的鼓励和评点。接下来，是由训练班同学自己组织、排练的文艺演出。演出结束之后，笔者做最后的发言，并把亲笔签名的训练班合影送给每个同学留作纪念。）

希望同学们能够记住这七天愉快的训练，关键是要把这个好状态保持下去，发扬下去。面对这个世界，永远顶天立地，敢想、敢说、敢做。同时对这个世界充满理解，有自己的智慧，善于专心致志，达到自己的目标。

同学们，你们这些天的表现非常棒。

可是，人生并不是所有时候都处在这个好状态之中，要善于及时地把丢失的好状态找回来。

你们都看到同学们的表演了，为什么我们向家长的汇报中要安排一个演出呢？

演出本身就是进入状态。一瞬间丢掉杂念进入角色，你才能够完成舞台上的演出。在人生中，同学们只有不断地像演出一样，使自己处在成功、健康、自在的角色中，你才能够顺利地完成人生舞台上要完成的形象。

七天的训练中，每个同学都有闪光的表现，这就是你的成功。但是，我希望这个表现不要仅仅出现在训练班的这一瞬间。如果你在未来的学习中、生活中离开了这个状态，离开了这个水平，你要经常回想一下，找回那个好感觉。

当你们面对困难，面对学习的负担，面对各种复杂的人际关系，面对挫折的时候，要想一想老师曾经怎样对你们说，想一想老师曾经怎样带领你们做，想一想你们在那个夏季的训练中是如何进步与成功的。

同学们，七天的训练就要结束了，在这个时刻，我的总结非常简单，就是几句话：

第一句话，我们的训练班能够取得圆满的成功，归功于同学们的参与精神、自强精神、自信精神、乐观精神，也归功于全体家长对你们的坚决支持。

第二句话，同学们在这个训练结束之后，要用你们新的形象面对你们的学习。我希望不断地听到对你们成果的各种报告，希望你们能够经常有所进步。

第三句话，祝同学们不仅在新的学年中，而且在未来的人生中取得圆满的成功！

第四句话，刚才有位同学送给家长的礼物，是在一个小篮子里放了三只自制的和平鸽，象征着和谐的三口之家。同学们的家庭也可能有三口人、四口人或者三代人，那么不管你们是几口之家，祝愿你的家庭在未来的时光中幸福、美满！

附录

我们掌握了成功的十二把金钥匙

在"天才少年强化训练班"上，笔者应邀将本书的书稿作为教材对中小学生进行培训。七天的训练结束之后，许多孩子兴奋地说：过去，我们有各种各样的学习压力、生活压力，现在好了，有了十二把金钥匙，我们从此将走上成功的道路。

积极是人生的一部巨片

张子龙　男　11岁　北京小学生

通过老师的现场讲解，我的收获非常大。因为我知道了积极与消极对人生的影响，以及积极的作用，我也明白了兴趣和自信与积极的重大关系。如果说积极是人生的一部巨片，那么兴趣就是这部人生巨片的续集；如果说积极是那引人入胜的开场白，那么自信就是那精彩绝伦的压轴戏。可以这么说，兴趣和自信是积极的延伸。

通过学习，我敢说话了，敢与别人交往了，推销自己的成功可以证明这一切。我还知道了专心的十大法则，有了它，我的学习速度快多了，在同一时间里做的事也多多了，这样，我就可以多干几件事了。但是办事也不是事事成功，为了不损伤兴趣，还要事事抱以乐观态度。只要保住了兴趣，一条腿已经迈进了成功，如果再积极一点，那就一定会成功。对于学习来说，我也会利用书本了。这样，两天学一本书不成问题了。

把游戏的积极性用在学习上

张一驰　男　13 岁　北京中学生

通过学习，我比以前增长了许多自信。老师说要培养做事的兴趣，过去我对学习没什么兴趣，但现在我却改变了观念，认为不论做什么事只要有意识地做，逐渐就会对自己不喜欢的事产生兴趣。

对于我来说，积极性这方面做得不够，干事有些漫不经心，但对玩是十分认真、一丝不苟的。我要是把玩的这种积极的精神用在学习上，再加上一个灵活的头脑，用个不恰当的词来说——也许是夸大——就是如虎添翼。

再谈谈自信。以前我对学好数学信心不足，几乎没有。但听完课后觉得有信心了，可以说信心十足。我还想过，在学校英语老师常说我英语成绩好，可以说是男生中 No. 1 的干活儿，老师还说数学没有英语难，那么我可以把英语学好，为什么不能学好数学呢？

从今天起我每天清晨起来一定要说一句："多一些自信，我能战胜困难。"

另外，老师讲，把一本书整理一遍胜过看百遍，我有亲身体会。过去我的抽屉杂乱无章，大的小的、有用没用的、新的旧的放了一抽屉，妈妈每次收拾完，我找我要用的东西时总找不着，有时还与妈妈发生口角。后来妈妈说让我自己整理一次，收拾一遍，说这样就能知道每件东西放哪儿了。我半信半疑地做了。嘿！真管用呀，我好像成了神仙似的，每件东西放哪儿我都清清楚楚。太管用了！得了老师的真传，我对此更加放心了，以后，无论看书还是什么都应用上这个绝招。

我学到了集中注意力的方法

张杨   女   14 岁   北京中学生

老师讲了微笑法则，让我受益匪浅。记得以前在小学时，我虽然很爱笑，但也很爱生气，虽然总是很乐观，但有时也会因为一点小事而与别人过不去。上了中学，不知怎的，我发自内心的笑一天比一天少，从初一到初二，也一天天地变得不乐观了，因此总觉得心里不痛快，还很烦躁，看什么都不顺眼。但听了这几天的课后，我认为自己变了，既不像小学时那样虽乐观却爱生气，也不像初一到初二这段时间内那样情绪低落。

还有一点，也是对我来讲最重要的，就是专心。我平时上学，一到我没兴趣的课就不专心听讲，总是集中不了精神。参加了这次培训，我学到了集中注意力的方法。

我的感想、体会和收获都有很多。第一个感想是时间过得可真快，听了这几天的课，我变多了，不光是我这么认为，爸爸妈妈也与我有同感。首先，我变得大胆乐观了；其次是自信了，而且在与人的交往中，也懂得了很多。

我体会最深的便是"表达能力"和"坚强意志"这两课了。说起表达能力，我认为自己的表达能力不是很差，只是没有胆量与自信，总是怕说错话，总是不敢说，总是怕别人笑话。但现在真的不同了，我变成了一个有胆量的人了。而说起坚强毅力这一课，我会想起以前我做很多事都是没有坚强毅力，遇到困难就急流勇退，然后半途而废。

今天，我学到了培养毅力的八种方法，我相信我一定可以有坚强的意志。因为，我已经迈出了第一步。

我觉得自己变得很有胆量

郝媛　女　13岁　北京中学生

在这次训练学习中，我的又一个收获是提高了我对观察能力、记忆能力、思维能力、表达能力的进一步认识。在这几点中，我的表达能力较差，因为我的自信心不强，胆子小，不敢和不认识的人讲话，这影响了我的表达能力。通过老师的讲课，培养了我对做任何事情的自信，同时提高了我的表达能力，我的观察能力、思维能力、记忆能力也随之提高了许多。训练班的学习生活已经过半了，我觉得自己好像变了一个人，是那么有胆量、自信地去面对每个人。我相信在即将来临的初中生活中，会取得更大的进步！

我感觉自己是一个聪明的孩子

黄婷雅　女　13岁　石家庄中学生

通过老师的讲课和培训，我突然感觉自己比以前更自信了，当我走到前台读作业时，发现自己一点都不紧张了，心里充满了自信。还发现自己对原来不喜欢的科目，有了一点兴趣。我感觉自己是一个聪明的孩子，而且告诉自己什么事都会做。奇怪的是，原来很难背的单词，今天一小会儿就背会了。原来我干什么都没有信心，现在我有自信做一个强者，把所有的不足都改正过来，让自己的成绩前进一步，重新开始。

在写作业的时候，我按照老师的指导，排除内心干扰，把电视声音大开着训练自己，果然作业很快就写完了。在训练课上，我还觉得自己的注意力突然提高了，学习的效果比前几天都好。爸爸夸我这几天的胆子大了，自觉了，我心里很高兴。

我能在很大程度上提高学习效率

孙晔　男　15岁　北京中学生

《天才少年的十二把金钥匙》中讲了积极、兴趣、自信、微笑乐观等方面的知识，我都学会了，也知道了怎样训练自己，并且改掉了一些毛病。使我印象最深的就是怎样交际，那就是要采取微笑乐观的态度。说实话，我不会使用微笑，在我们班我的朋友不多，但敌人不少。说是"敌人"，只不过因为些小事解决不好造成了不应有的结果，使我办事困难。在这个训练班中我学会了使用微笑，这几天也一直在训练自己使用微笑。在这里我学会了与人交际，我觉得会使我在班里的情况有明显变化的。

　　第二个感觉是对于学习能力的训练。我在学习中从不注意，往往是有兴趣，又下了很大的功夫，但效果并不很好。听了老师的讲课，才开始提高注意力，收到的效果十分好。对于快速处理一本书我也试验了，效果很明显。我认为我能在很大程度上提高学习效率，成为一个真正的天才。在学习班中的每一天、每一事对我都有启发、有推进，在这里就不一一说了。我认为老师的讲课是成功的，我们学的也是成功的，我们全是强者！

战胜自己的唯一方法

　　德慧　女　17岁　北京中学生

　　今天的学习结束后，我回到家静静地坐在写字台前，想了许多许多事情。当我回忆老师讲的《天才少年的十二把金钥匙》，回忆起课堂上同学们积极、踊跃的场面，心里就有一种失落的感觉。每一位发言的同学都是那么的自信、勇敢，而这一点恰恰是我现在所缺少的。记得上初中的时候，我是一个活泼自信的孩子，整天无忧无虑的，学习对我来说也是件非常轻松的事情，我也经常参加集体活动，还在歌咏比赛上为我们班赢得了最佳指挥奖。总之，那是一段值得我骄傲的岁月。

　　然而，自从我上了高中，一切就发生了变化，由于学习的压力，使我无暇顾及别的，渐渐地，我发现自己在有意识地脱离集体，竞选我弃权，郊游、运动会我不参加，就连歌咏比赛我也只充当了一个最普通的观众，用一种冷淡的眼光瞧着台上的一群"木偶"。

在高中我也有很多朋友，却只限于学习上的帮助和一些必要的交流，就再也没有其他的了。而我的知心朋友却是那些陪伴我度过三年美好生活的初中同窗，我们经常互通电话或聚在一起侃大山，男男女女不分彼此，大家像一家人一样在一起谈过去、谈未来，也只有和他们在一起我才能真正地感觉到一种温暖、一种轻松和愉快。

我也意识到了自己的消极，我也想使自己活得轻松、自在，也想把自己重新塑造成一个活泼、自信的人，但是，我却缺乏勇气。《天才少年的十二把金钥匙》对我触动很大，我敬佩每一位敢走上讲台的同学，是他们使我意识到战胜自己的唯一方法就是勇敢、自信！

我已经十七岁了，再有五个月我就要步入成人的行列了，我不想在自己少年的岁月中留下任何遗憾，我要面对自己，战胜自我！

我最喜欢妈妈花白的头发

陈恬恬　女　13岁　安徽淮南中学生

《天才少年的十二把金钥匙》使我懂得了这个世界上并非只有我一个小孩，要站在别人的角度看一看世界。我要做一个善于理解他人的人。要从理解身边的亲人开始。我要理解爸爸妈妈。我想给爸爸妈妈送一件小礼物。我就拿出纸、笔给妈妈画一幅画，送给妈妈。当我刚提笔要画的时候，妈妈用鼓励的目光看着我。

我想，先画妈妈的眼睛吧！虽然妈妈的眼睛不大，但是我还是喜欢她那双眼睛，因为她把她的一生都投入自己的教育事业中了。妈妈每天晚上备课，批改作业，虽然她眼花了，但是她的眼睛鼓舞了多少学生走向人生，走向新的生活。接着就画妈妈的脸，虽然她脸上有皱纹，但我还是觉得她是最美丽的，因为她为了我不知道费了多少心思。接着画妈妈的鼻子和嘴，最后画妈妈白花花的头发。在这几个环节中，我最喜欢的是妈妈的白发，她没有年轻小姑娘的乌黑亮发，但我觉得她的头发是世界上最美丽的头发，因为她的头发上记载着她辛辛苦苦的劳动。

画得虽然不像，但这是我的一片心，我相信妈妈一定了解我的心。最后我用纸叠了一个钱包似的信封把画装进了信封里，然后粘了口，在信封上我还写了一句话：小小礼物轻又轻，这是我的一片心。

是啊，母亲多么辛苦呀，我为什么老是惹母亲生气，我想起来就后悔。晚上我把这幅画交给妈妈，妈妈问是什么，我说："您把信拆开就行了。"妈妈拆开信看见我画的画，高兴地说："我们恬恬长大了！"听了妈妈的话，我想从现在开始我一定听妈妈的话，做一个真正的好孩子。

使我感受最深的一点是微笑

张莘　女　16岁　辽宁抚顺中学生

通过训练班的学习，我知道完整的人生是由成功、健康、自在组成的，一个人的毅力是通过吃苦、反复锻炼才能得到的，如果你不吃苦，你便没有顽强的毅力去面对自己的一生。使我感受最深的一点是：微笑。微笑不但使人健康，还让我对生活充满了乐趣。如果一个人的生活没有一点欢乐的气氛，那他就像掉进了一个万丈深渊。如果你的生活有了欢笑，那将是最快乐的。

一、要有兴趣，有自信，有毅力。

二、做事要认真，大胆，还要专心。

三、要坚信自己的观点，然后再积极努力去把它做好，做成功。

给自己以积极的暗示

王志飞　女　13岁　辽宁本溪中学生

在七天的学习、训练中，我觉得自己不像从前那样紧张了，我敢在人面前大声说话，而且手不抖心不跳了。

老师讲兴趣这一成功法则时，我就想起从前我很喜欢英语，对英语痴狂到天天听英语磁带，天天练朗读都不累，可我一背英语单词就头疼。我在英语班学听力、学语法都是第一或第二，可一背英语单词就倒数第三。听了老师的课后，感到英语单词是必须背的，也是学英语的基础，假如连基础都没了，还怎么学英语呀！

在背英语单词时，我不仅厌背，而且还对自己没有信心，认为自己从来都不会在考英语单词上得第一，所以也就失去了自信心，也没有给自己一个积极的暗示。听了老师的讲课以后，就懂得了自信心的重要性和自信心与成功的联系。我今后要对自己说：你是一个强者，作为一个强者要具有"自信""积极"这两点！！

将来当一名具有五种基本素质的好老师

张萌　女　12岁　北京中学生

听了老师讲《天才少年的十二把金钥匙》后，在坚强毅力这方面我有了很大的收获。我以前稍微遇到点挫折、困难就退缩或绕道而行，今天听了老师的讲课后，我总结了以下几点：一、坚强的毅力来源于挫折的承受力，挫折又是各种各样的，我们要努力战胜它。二、承受力是五种基本素质的保障，而真正的强者要有毅力才能成功，要经得起挫折的打击，这就是真正的强者所具备的条件。三、提高培养毅力和承受力的八种方法：1. 要接受良性暗示；2. 拒绝不良暗示；3. 在遇到困难时，把力量集中在一起对抗挫折给你的压力；4. 咬紧牙关；5. 反复承受、锻炼；6. 睡一觉；7. 依靠朋友；8. 忍辱负重。我想在训练中我一定会坚强起来的。

我觉得老师上的课很容易被记住，使大家越听越爱听。我对未来也有了初步的计划，我想在将来当一名老师，一名有文化、有知识、具有五种基本素质的好老师，争当老师中的强者。

我的学习一定会比以前更好

曹媛媛 女 17 岁 北京中学生

老师讲了成功的十二个法则，其中使我感触很深的是积极金法则和自信金法则，它们之间有着密切的联系。如果干一件事很积极，才有可能充满自信心；相反如果对事消极，就不会有自信心了。我上高中以来的成绩不好，我也曾寻过根本，但就是找不出为什么我不能像初中那样学习得自由自在。现在我明白了，除了高中与以前不同外，更重要的是我在高中时没有了在初中时的积极态度，对自己缺乏信心，总以为"六十分万岁"。现在我开始改变自己，我坚信我一定会比以前更积极，更有自信心，学习会更好的。

我真的很高兴，我发现我变了，变得积极了，变得自信了。

在几天的培训中，我克服了许多以前心理素质上的缺点，如懦弱、胆子小、说话声音小，表达能力、专心听讲能力差。

在训练班中，从第一天的自我介绍开始到第二天的读作业，我从开始的紧张到从容，由脸红到自如，都有了质的飞跃。我记得我在开始写学员调查时，我写的弱点还有"敢想不敢做"，但是学习之后，我做事之前的犹豫减少很多，有时甚至敢想的会马上做出来，我对我的进步深感快乐。我现在可以说我是一个成功、自在、健康的人，我是未来的强者，我会成为想象中的外交家与企业家，我非常自信地认为。

送给父母的最好礼物

李姝　女　13岁　北京中学生

《天才少年的十二把金钥匙》鼓舞我全面提高自己的素质。为了锻炼自己的表达能力、社会行为能力，锻炼自己的自信和创造性，我决定尝试一下推销书。我一下买了九本有关教育方面的书，本打算能推销五本就非常不错了，因为我的胆子非常小，总不敢上前向陌生人推销我的书，说书怎么好，怎样教育您的孩子。后来我想起老师讲的微笑乐观和自信，在妈妈的陪同下，面带微笑，利用两天的时间，一下子推销了七本书，超过原计划两本。

　　我用推销书挣来的钱给父母买礼物，我知道我们的好成绩就是世界上最好的礼物，我们的好成绩才是父母真正想要的，比黄金的价值都高，我要送一份贺卡给我的父母，告诉他们，我在训练班的表现、变化，以表我的心意！

　　老师讲了观察能力、记忆能力、思维能力、表达能力、阅读能力，主要讲的是思维能力，这使我懂得思维是观察能力、记忆能力上的一种能力，比记忆、观察更高的能力，可想而知，思维能力是多么重要，但其他方面也不能缺少。

　　单独谈谈创造吧。我虽然没有什么创造，但我有了一点点的创造性思维，思维与观察密切相关，是支配观察、记忆的能力，是听讲、阅读、表达能力的基础。发展创造性思维要有创造的追求，创造的兴趣，还要注意力集中、专心。

我知道了独生子女怎样才能自立

史文迪　女　12岁　北京中学生

　　我们这一代中学生成长在竞争日趋激烈的社会中，有很多事情要去尝试，而不敢去尝试，就不可能很好地在这个社会生存。我有幸听老师讲了《天才少年的十二把金钥匙》，然后来训练自己，提高自己各方面的能力，从而进一步地完善自己。

　　以前我的阅读和表达能力不是很好，我很不服气，总想力争第一。可是我没有很好的方法，所以成绩一直不太理想。不过通过这几天听老师讲课，我明白了要想提高阅读能力就必须有提高阅读能力的积极要求，要有提高阅读能力的积极性，要有提高阅读能力的自信，要有提高阅读能力的兴趣和目标，还要集中提高阅读能力的注意力，要形成状态阅读，不是跟书走，不是跟着老师，而是要进行自己的加工，只有思维主动介入，才能很好地记住刚刚阅读过的内容。

　　我还明白了表达是一切能力的运用，是一切能力的消费，是一切能力的商场。表达是一切能力的外显，是一切能力的综合表现，表达能力是最容易受到欣赏，也是最容易受到挫伤的。挫伤一个人的表达就挫伤了一个人的整个状态，表达和自信的联系是瞬间万变的。我会仔细琢磨老师在这几天讲课中说的每一句话，并牢记心头，他激励我奋发图强，使我自信地面对每一个困难，加快速度一直冲向成功！

　　我的愿望是做电视节目主持人或是搞服装设计。通过这几天的训练，我有了自信，也提高了能力，我相信我一定会很好地完成学业，并实现我的愿望。在我实现了我的愿望那天，我会激动、深情地说："谢谢您，老师，完全是您给予了我实现愿望并成功的机会！"

我敢大声发言了，这使我感到自豪

薛文　女　13 岁　北京中学生

以前老师叫我起来回答问题时，我总是很紧张，一站起来就不知道说什么好了。《天才少年的十二把金钥匙》讲了无论做什么事情都要面带微笑，现在老师叫我起来回答问题，我面带着微笑站了起来，回答问题时，声音比以前洪亮多了，胆子也比以前大了，我从容地回答着问题，心一点也不慌了。

通过学习和训练，我学到了不少东西，也比以前活泼多了。遇到困难，我只要对自己说一些带有自信的话，冲自己微微一笑，便觉得很放松。这五天的训练，使我变了一个人，这种感觉很好。我有一个愿望就是当主持人，通过这次训练，我敢在大家面前发言了，这使我感到很自豪。

上了中学，我要参加学校里组织的任何活动，使我胆子再大一些；初中毕业，我要考进一个好一点的高中，在学校里我仍要参加各种文艺活动；上大学，我要进广播系，努力学习，来实现我这个愿望。

献给爸爸妈妈的三只白鸽

王一陶　男　13岁　北京中学生

　　学习了《天才少年的十二把金钥匙》，我决心提高自己理解他人的能力。首先要理解家长。我决心给家长制作一个小礼物，要自己做的，富有创造性的，我也要一心一意地好好完成。

　　到了家，我想给爸爸妈妈送个好的，也就忘了老师的金玉良言，忘了亲手制作的内涵。我拿了三十元钱到地下商场，挑来挑去，好高兴，还真不少，我终于挑到了一只精美绝伦的小竹篮子。我将它带回家后，细细观察，真不错，可又觉得缺了点什么，我又想起应该自己做才能表达心意。怎么办呢？我苦想着挽回的方法，忽然灵感来了，想出一个绝妙的高招：我亲手制作了三只鸽子，两大一小，表示和谐美满的三口之家。我满头大汗做好了三只鸽子，又用彩笔细细着色。OK！大功告成了。我把三只美丽可爱的鸽子放入篮中，想着一会儿将要亲手献给父母，心中高兴极了！

我敢于大胆地回答陌生人的问题了

刘昊雨　男　12岁　北京小学生

老师给我们讲了自信积极、微笑乐观、专心致志、不亢不卑，以上四个词语给了我很大启发。我以前的胆子非常小，连问路都不敢，自从参加了这次培训，我胆量渐渐变大了。我以前从没有自信心，不管是说话，还是写作文，总把它想得那么难，总怕写不好，不敢放开思路想，这是我最大的毛病。我现在无论做什么事都非常勇敢、自信。我的目的实现了！

例如"买菜"，过去对于我来说，从来都不敢，我走近收银台时，身体就会发抖，就怕说不好，怕收银台的阿姨问我的身份，我说话就磕磕巴巴的，说话声音很低。

自从听了老师讲《天才少年的十二把金钥匙》后，我鼓起勇气去我们花园的超市买东西。以前我进超市门口，不敢挺胸抬头，而我今天挺胸抬头地走进了超市。我拿完东西后，走到收银台前把钱交给了收银台的阿姨，阿姨问了我几个问题，我都大胆地回答了。回家后，我把买的鸡蛋、羊肉、粉条、黄瓜、西红柿、荷兰豆拿出来，我先炒了一盘荷兰豆，然后用五个鸡蛋做了鸡蛋饼，包了羊肉饺子，做了蔬菜沙拉。我自己总共做了三道菜，一份主食。

《天才少年的十二把金钥匙》改变了我

何磊　16岁　北京中学生

时间过得真快，转眼间离"天才少年强化训练班"结束已经有三个多月了，我无论在学习上、思想上、生活上都比原来有了很大的进步。

以前我的成绩很不好，虽然上课能认真听讲，老师留的作业能认真完成，可是成绩总上不去，像蜗牛爬一样一步没有多远，甚至还可能一下子滑下来。自从参加了这次培训，我醒悟了，是我的学习方法不对。以前下课时间都写作业，不休息，所以连着四节课下来，脑袋已经麻木了，有一点点小弯的问题都想不出来。做家庭作业总是一边看电视一边写，写一点看一点，做作业不认真。现在我已经改了这个毛病了，我会劳逸结合地学习了。课间十分钟就是让学生休息的，因此课间十分钟我好好休息，上课时听讲更认真了，觉得一点也不累。家庭作业我也能认真地完成，电视机前永远不会看到我的身影。我还照老师说的那样，把别人写的书变成自己的知识，我把我学的知识写在了自己的大本子上，照自己的理解缩成书，让别人的书变成了我的书，因此我的学习成绩有了明显的提高，从班里的中等上升到中上等。虽然和优等生还有一定的差距，但也是我的一次飞跃，我心里非常高兴。

曾经我是一个没有决心也没有信心的人，一件事情自己还没有做就打退堂鼓，学习也一样。比如背英语课文，一看特别长，就说自己背不下来，记性不好，所以背一篇英语课文非常费劲。做难题也说自己不会做，脑子笨。可是现在我不那样了，是《天才少年的十二把金钥匙》改变了我，让我成为一个有决心、有信心的好孩子。

现在我的生活丰富多彩，交了许多好朋友，平时一有空，就帮妈妈做家务，为妈妈分担一些事。

现在我是妈妈的好孩子，是老师的好学生，是同学的好朋友。我以后要继续努力，让自己成为更好的人，也要照老师说的那样，做一个自由、健康的人。

我考出了 97.5 分的好成绩

周洁 女 12 岁 北京小学生

老师：您好！

训练班结束很长时间了，您还记得我吗？我就是您教育过的学生周洁。自从参加了"天才少年强化训练班"，我的学习有了明显进步，在课上我总是专心听，课后有没听懂的地方找老师询问。期中考试前班主任老师千叮咛万嘱咐要我们一定认真，我做了认真的准备，最后考出了 97.5 分。我真高兴，我以前没有考过这么好的成绩，因为有您这样好的老师，有学校这样好的班主任，才让我取得了这样的成绩。

说完学习，该说我的表达能力了。以前我的表达能力很差，就连说件事也说不清楚，急得我直叫。想起您教过我们的表达能力，我的勇气就上来了，就这样我才能表达出很多思想内容。

我虽然不在老师身边，但是我很想念老师，说真的，不是听了《天才少年的十二把金钥匙》，我不会变成这样聪明勇敢的学生。这只是开始，路还很长，我一定按老师教我们的去做，像参天大树，做成功之材。

我从数学最差到成为数学课代表

纪静　女　12 岁　北京中学生

现在我是一名初一年级的学生，自从参加了"天才少年强化训练班"，我感到自己的变化很大。

过去，我的各科成绩除了语文稍好以外，其他科都处于中等水平，不少学科的成绩在七十分左右。特别是数学和英语，总是在家长的催促下，才翻开书本看两眼。而现在我是班里的数学课代表，在数学方面自然不敢放松，其他科目的学习也就自然而然地想名列前茅。

有了兴趣，我对学习就不感到厌烦了。在学习方面，变被动为主动，肯下功夫了。期中考试取得了较好的成绩，数学得了满分。

在暑假里，我还把全国各省市的小学毕业数学考试题做了一遍，巩固了小学所学的数学知识，为中学学好数学打下了基础，从"学会"渐渐升华到"会学"。

以后，我要把我的优点继续保持下去，在思想、学习和体育锻炼等多方面按照老师教的方法去做，做一个自信、积极、微笑、乐观的人。